LEARNING
ENGINEERING
PRACTICE

工程实践通识
新手工程师从入门到精通

〔澳大利亚〕詹姆斯·特里维廉 James Trevelyan ◎著
徐 立◎译

中华工商联合出版社

图书在版编目（CIP）数据

工程实践通识：新手工程师从入门到精通 /（澳）
詹姆斯·特里维廉著；徐立译 . -- 北京：中华工商联合出版社，2023.7
书名原文：Learning Engineering Practice
ISBN 978-7-5158-3697-3

Ⅰ.①工⋯　Ⅱ.①詹⋯②徐⋯　Ⅲ.①工程师 – 研究
Ⅳ.①T-29

中国国家版本馆 CIP 数据核字（2023）第 106840 号

工程实践通识：新手工程师从入门到精通

著　　者：詹姆斯·特里维廉（James Trevelyan）
译　　者：徐　立
出 品 人：刘　刚
责任编辑：吴建新　林　立
装帧设计：尚彩·张合涛
责任审读：郭敬梅
责任印制：陈德松
出版发行：中华工商联合出版社有限责任公司
印　　刷：三河市宏盛印务有限公司
版　　次：2024 年 2 月第 1 版
印　　次：2024 年 2 月第 1 次印刷
开　　本：710mm×1000mm 1/16
字　　数：214 千字
印　　张：14.5
书　　号：ISBN 978-7-5158-3697-3
定　　价：56.00 元

服务热线：010-58301130-0（前台）
销售热线：010-58301132（发行部）
　　　　　010-58302977（网络部）
　　　　　010-58302837（馆配部）
　　　　　010-58302813（团购部）
地址邮编：北京市西城区西环广场 A 座
　　　　　19-20 层，100044
http://www.chgslcbs.cn
投稿热线：010-58302907（总编室）
投稿邮箱：1621239583@qq.com

推荐序

工程实践也是一门学问，有其自身的逻辑和规律。工科毕业生如何转变为工程师，工程师又如何将"论文"写在祖国大地上，工程实践能力尤为重要。2020年，我在全国政协驻地认识了徐立博士。他的博士后出站报告《茅以升工程思想研究》中阐述了茅先生对工科教育的思考和观点，我印象极深，也唤起了我的思索与共鸣。后来，在电话上及见面时又讨论多次。

去年，他告诉我正在翻译一本澳大利亚学者写的《*Learning Engineering Practice*（中文名：工程实践通识）》。我倍感兴奋，请他及时将翻译稿拿给我看看。这期间，本人又因年龄原因离开了工程师岗位，到大学担任实践教授，正在思虑如何给学生上一门工程实践的课程。既然有人早就考虑到这个问题，并写成书了，这岂不正好。读完《工程实践通识》的翻译稿，令我爱不释手。

科学技术飞速进步，工程能力也逐步提高。从载人航天到万米深潜，从大飞机到航空母舰，从三峡大坝到港珠澳大桥，重大工程成果在各个领域层出不穷。工程活动所依靠的不仅仅是建立在科学和数学基础上的专业技术知识，更重要的是应用这些知识的人，即工程师自身。科学家认识世界，而工程师创造并改变世界。他们所发挥的作用从没有像今天这样深刻地影响着国家的前途命运和人民的生活福祉。

港珠澳大桥作为我国重大工程项目，因其超大的建筑规模、空前的施工难度和超群的建造技术而闻名世界，其成果不仅是我国综合国力和自主创新能力的体现，也是我国工程实力的体现。港珠澳大桥的建设涉及多个学科和领域，在15年的工程实践里培养、锻炼了数千名工程技术人才和跨学科跨领域的工程管理人才。从另一个角度看，是否能将自身知识与工程实践结合起来是评价培养工程人才成功与否的关键，而这也正是《工程实践通识》重点关注和着重描述的内容。

　　《工程实践通识》阐述了工程实践的基本概念和特点，厘清了当代工程师所要具备的专业技术知识和远见，尤其指出工程师在进行工程实践时需要进行有效协作的必要性。这对许多以为工程师只需要掌握技术能力的人来说很有启迪。该书所提供的系统学习方法，使青年学生和年轻的工程师有机会与条件，在多领域和多层面体会工程实践所需的特质，深入探索工程实践的规律，获取前所未知的知识与技能，得到以往无法企及的机会。

　　此外，本书不但对工程实践所涉及的思想语言、系统方法、技术知识等都进行了全面细致的介绍，而且通过生动的图例与具体事例来说明问题，有助于阅读时进行联想和理解。对于有丰富经验的工程师而言，它可以开拓思路；对于新入职场的工程师和工科院校的学生来说，它是具有实践指导意义的入行指南；而对于普通读者，这是一本深入浅出、通俗易懂的科普读物。

　　改革开放以来，我国的工程能力突飞猛进，一项项举世瞩目的工程项目是中国人屹立在世界民族之林的一座座丰碑。而如今，适逢世界走向智能化、信息化的时刻，人工智能、虚拟现实等技术迅速重构了现有的知识体系，工程实践也面临新的挑战和机遇。深入学习和掌握工程实践基本原理不仅有利于培养新一代工程师，也有助于工程师协同创新，从而助力我国适应新一轮产业变革新趋势，提升我国工程硬实力和国际竞争力。

香港科技大学（广州）教授、首席工程师

中国土木工程学会桥梁分会副理事长

第十三届全国政协委员

港珠澳大桥首任总工程师

推荐序

科学、技术和工程是现代社会中三种重要的社会活动。科学活动是以发现为核心的活动，技术是以发明为核心的活动，工程则是以建造为核心的活动。分别以三者为研究对象就有了科学哲学、技术哲学和工程哲学，它们既有根本区别又有密切联系。由于工程直接关系经济社会的发展，关系民众的利益和社会的福祉，因此工程哲学研究不是象牙塔里的游戏，研究工程哲学必须坚持理论联系实际的原则。

工程活动的主体是以工程师为关键角色和岗位的工程共同体。中国自20世纪中叶以来逐渐成为国际上的工程大国，中国工程师们在这样的背景下得以不断实践，积累经验。进入21世纪以来，百年变局加速演进，外部环境更趋不确定，我国经济增速趋缓，工程界和工程师面临的形势变得格外严峻。我国工程行业也面临着时代转型的要求，行业向精细化、信息化、智能化加速转型。以往的工程从业方法已不足以适应构建良好的工程实践的需求，工程师不仅需要持续提升技术水平和综合素质，还需要自我驱动，提升工程实践能力和理论水平，助力提高行业生产力。

本书作者詹姆斯·特里维廉研究工程实践二十余载，本书可以视为其对于工程师和工程实践融合问题的研究成果的汇集和提炼。本书理论与实践相结合，结构清晰，内容丰富，逻辑性强，对于刚入门的新手工程师可以视为是"入门指南"。本书不仅解释了工程实践的真正含义、基本原理，澄清了当今工程师所面临的挑战，包括工程师的职业困境和职业责任等问题，还细致地为新手工程师如何有效求职给出具体操作流程，帮助工程师练习和发掘自身被忽视的感知技能：倾听、阅读、观察，进而在此基础上发展合作技能。工程师既要精操作、懂工艺，还要会管理、善协作、能创新。

关于如何促进工程师和工程实践的深度融合一直是我国走中国特色新型

工业化道路、有效推动我国工程发展所面临的一个重要话题。工程师自身的职业轨迹如同工程建设一样是一个不断攀登的过程，其择业、能力发展都随着工程实践的发展而"滚动性"推进。工程师需要发挥主观能动性，终身学习和提高专业知识、能力，以及组织和管理知识和能力，这是一个漫长、曲折、坎坷的过程。本书有助于新一代工程师积累工程知识，了解工程成本与价值生成，发掘工程资源，不仅能帮助他们找到合适的工作发挥自身价值，而且有助于他们打造卓有成效的技术协调能力，进一步了解社会、自我、合作和工程实践，把工程和哲学贯通起来，有助于工程界和哲学界人士开阔视野、转变观念，同时也有助于提高全社会对工程的认识水平，从而把工程建设搞得更快更好。

科学哲学和技术哲学都是在欧美形成然后传入中国的，目前已经被人们广泛研究。而工程哲学作为"新"的研究领域，直到20世纪才被人们所发掘。在开创工程哲学进程中，中国工程界和哲学界没有落后，而是走在了国际同行的最前列。当前，工程哲学仍有大量学术处女地等待拓荒者去开拓，如果能够抓住机会，努力耕耘，大胆探索，便可大有作为。

中国科学院大学教授

中国自然辩证法研究会工程哲学专业委员会副理事长

译者序

2021 年 8 月 28 日，在空间应用中心召开管理科学与工程学科建设研讨会时，与会各位专家提到了"工程科学"与"工程实践"的话题，引起了我对"Engineering Practice"的思考，随后请团队同事一同在网络上检索相应的论文和专著。遗憾的是，当时国内并没有太多相关的资料。赵威东找到了 James P. Trevelyan（詹姆斯·特里维廉）刚在海外出版的《*Learning Engineering Practice*》，当晚我们就饶有兴趣地一起试读了这本书。

在读这本 Trevelyan 所著的新书时，我脑海里即刻浮现出 P.B. 梅多沃的《对年轻科学家的忠告》和福井谦一的《学问的创造》这两本经典之作。两位科学大师当年的谆谆教导，对一代又一代有志于投身科学工作并献身科学事业的年轻人产生了不可估量的影响。同样，对于今天已经进入工程队伍，并有志于努力成长为优秀工程师的年轻人，特里维廉的《*Learning Engineering Practice*》也是一部必读的经典著作。如能潜心研读，在工程实践中学以致用，必定大有收获。

在本书的编译过程中，余卓阳、赵威东、孔颖超、张珂新、李文琪参与了部分章节的翻译，李丽仙、王艺璇、倪梦珂、赵可彦参与了全书的校对，在此一并表示感谢。

本书得以出版，离不开中华工商联合出版社的大力支持。感谢祖冲力、吴建新等老师在翻译和出版过程中为本书付出的心血，并提出了大量建设性的宝贵意见。

虽译、校者反复斟酌考据，但由于时间和水平有限，难免有不当和疏漏之处，恳请广大读者批评指正。

译者
2023 年 8 月 30 日于北京航天城

作者介绍

名誉教授詹姆斯·特里维廉是工程师、教育家、研究员，并在最近成为一名创业者。

他是 Close Comfort 公司的首席执行官，该公司是一家高新技术初创公司，旨在向具有巨大潜力的全球市场（包括澳大利亚、印度尼西亚、巴基斯坦等国家）推销节能、低排放的新型空调技术。

他的工程实践研究为澳大利亚工程师协会鉴定注册工程师专业水平做出了贡献；另一本著作《培养专业工程师》和关于"工程师如何提供商业价值"的研究正对学校和企业的工程教育产生巨大影响；他还有一本著作《30 秒工程》即将与全球读者见面，将有助于提高人们对工程重要性的认识。

他因开拓性的研究而闻名澳大利亚。得益于他的研究和努力，在 1975 年到 1993 年间剪羊毛机器人被发明出来并不断更新换代；1994 年首个可通过互联网远程操控的工业机器人问世。因此，他获得了机器人研究领域的国际领先奖（相当于数学领域的菲尔兹奖）。

由于专业领域的突出成就，他于 2018 年获评西澳年度人物。

致 谢

感谢我亲爱的妻子萨米纳（Samina）在我长达几十年的研究和写作生涯中始终支持着我。

她的父亲马利克·穆罕默德·伊克巴尔汗（Malik Muhammad Iqbal Khan）是打开巴基斯坦工程学研究大门的第一人。

她的母亲萨尔夫拉兹·伊克巴尔夫人（Sarfraz Iqbal）帮助我从多个方面了解了南亚文化。

我的家人和西澳大学（The University of Western Australia）为我的研究提供了经济上的支持，此外我们还收到了一些奖学金和公司赞助；我的同事们，如萨比亚·蒂利（Sabbia Tilli）、萨莉·梅尔（Sally Male）教授、梅琳达·乔德凯维奇（Melinda Hodkiewicz）也为我提供了多方面的帮助；此外，我的学生，特别是博士生们，贡献了研究证据并提出了许多相关问题。

数百名工程师主动接受采访，观察书中提到的现象并提出问题，一些人在阅读研究结论后给予了对这本书的评价和反馈。

执业工程师马里奥·多纳（Mario Dona）、理查德·贝尔奇克（Richard Bercich）、阿南德·乔提（Anand Jyothi）、沃里克·巴格诺尔（Warwick Bagnall）、罗伯特·哈林顿（Robert Harrington）、凯瑟琳·莫勒（Catherine Morar）、罗杰·彭林顿（Roger Penlington）和纪志刚（音译）都阅读了本书成文前的草稿，并提供了独到的反馈意见与修改建议。

米歇尔·托马斯（Michele Thomas）在自闭症谱系研究方面为工程师的研究提供了宝贵的建议。

我的编辑玛莉·金（Marli King），大大提高了本书内容的流畅性和可读性。

目　录

第一部分　为进入工程行业做准备

第二部分　职场学习

第一部分

为进入工程行业做准备

工作可能不是你想象的那样

工程专业的学生总是热切期待着从事具有高技术含量的设计和分析工作，这些工作通常意味着要用复杂的软件来解决某些技术难题。

然而，许多毕业生在求职时受挫，他们寄出无数份简历，但往往石沉大海。有时候，即使是找一份无偿的实习工作也很困难。

而当他们最终迈入职场后，又总会发现被交代的是看起来简单且平常的工作。此外，如果没有他人（可能是一些心事重重或自由散漫的同事）的配合和协助，几乎什么都做不到。他们在学校中学到的高级分析能力似乎也变得无关紧要了。

如今的学生已经潜移默化地认可了成功的关键在于某些独立的、脑力的、书面的工作，因为考试往往考察的就是这些能力。

但实际上，从事工程工作在很大程度上需要与来自其他领域的人合作，从金融、贸易到营销、销售领域，而一项工程能否成功取决于人们如何处理相互交织的技术、商业和社会因素。

最近已经有研究进一步阐明了成功的工程实践所依赖的原则。由于其往往涉及种类繁多的、掌握在不同人手中的专业技术，所以传统的合作方式已不足以构建良好的团队。本书将对此方面提供相关指导，而作为读者，你需要为学习和锻炼新技巧投入较多的时间和精力。

本书是基于作者的研究所撰写的教材，旨在指导那些工作尚未满三年的新手工程师适应工作环境，从而能够独立进行工程实践。本书还会帮助获取目前只有少数工程师掌握的关键知识。

有没有一种性格或能力对工程师而言是完美的？答案是否定的。本书认为，在工程工作中每个人都应该在适当的程度上坚持和相信自己，每个人也都需要他人的帮助才能获得成功。本书将协助你充分发挥才能，成为一名合格的工程师。世界需要你的热情、想法和贡献！

本书基于 20 年的系统研究，其中的见解来自对数百名执业工程师的采访，以及对多个国家的大量工程公司和工程项目的实地调查，此研究还是众多学生和同事共同努力的成果。

本书还为低收入国家的工程师提供了具体的工作指导。近一段时间研究人员最有趣的发现之一就是：社会、文化和经济环境会显著影响工程师的表现。洞察这一点可以帮助低收入国家的工程师了解那些复杂的、对他们的日常工作有决定性影响的社会文化因素，最终有可能大大提高企业的生产力，为低收入国家带来巨大的社会和经济效益。

本书第一章解释了什么是工程，以及工程师面临的挑战。

第二章解释了什么是工程实践，以及本书可以与其他关于专业工程能力框架（Professional Engineering Capability Framework）的资料共同使用，为读者的学习提供全面指导。

第三章介绍了必不可少的第一步：寻找带薪工作。

第四章至八章主要讲述了在学校的教学过程中容易被忽视的关键感知技巧，并提供了在求职的同时自我提升的建议。

第九章至二十章介绍了工程实践的基本原理。

想要在职业生涯中获得更快提升的读者可以在读完本书后继续阅读我早期的另一本著作《培养专业工程师》，这本书可以帮助工程师们把已获得的实践经验提升到更高水平。

第一章

工程：用的更少，做的更多

什么是工程？

在某些人看来，工程师是一个神秘的职业。许多人以为工程师的工作是设计和进行复杂的数学计算——这部分工作确实存在，但基本上不会占用工程师太多时间；还有人以为工程师整天都在建桥或造车——但事实是，很少有工程师会制造或修理汽车。如果你看到一个工程师在拿着工具叮叮咣咣造桥，那么肯定是哪儿出错了，请赶快停止这些想法！

如图1-1所示，这类图片具有误导性并让大众对此形成了刻板印象，因为真实的工程工作一直很神秘……但现在不是了。

图1-1　大众眼中的工程师形象：一个头戴安全帽的男人正在画图

（图片来自 raxpixl at unspash.com）

其实，工程学包括的远不止工程师的工作，但研究工程实践恰恰是理解工程学的正途，这正是工程师实际在做的。最近的研究极大地扩展了我们对工程实践的认知，事实上几乎所有工程师都在使用与本书所述相同的思想和方法。

工程学是一门以知识为基础的专业，这意味着：

工程师本质上是具有专业技术知识和远见的人，他们从事构思、计划、组织人工制品、流程和系统的交付、操作以及维护工作。工程解决方案可以使人们更高效，即付出更少的精力、时间、材料、能量、不确定性、健康风险和环境干扰去做更多的事情。

大多数工程师根据项目组织工作：

"项目"的由来始于工程师构思能满足人类需求的、安全可靠的解决方案。通过定义一个项目，工程师常常能帮助客户从工程角度更好地理解需求和方案。

工程师主要借助计算机和仿真工具预测解决方案的效果，算出建造、运行、维护和拆除成本。他们经常需要估计能为客户和终端用户带来多少商业利益。然而，系统总是存在不确定性，所以工程师也会告知客户和投资者风险及后果。此外，在客户或投资者提供资金之前，必须劝说他们信任该项目并对未来充满信心，这要远远早于项目真正迎来收益之时。这一系列工作会促使投资者做出决策，这时候进入第二阶段（如图1-2所示）。

图1-2 一家咨询公司的工程师们正在讨论从天然气处理设施中收集的振动测量数据，他们的客户是一家天然气管道运营商，要求确保故障风险在可接受范围内。参会的每个工程师都具备不同的专业知识和经验，他们正在利用集体智慧来达成一个共同的结论

在执行阶段，工程师们计划、组织、协调团队活动，共享知识，实施选定的解决方案。为了保证初衷能够完全实现，继而获得预期的技术性能和商业绩效，他们需要付出大量的努力。这通常比较耗时，需要较多人参与其中。而独立的技术工作，如预测性能、设计、解决技术问题，占用的时间则少得多。

在如今的大型团队中，工程师们经常需要与不同时空的人展开合作。为了完全实现解决方案的预期效果，他们需要计划、组织，然后指导组件、工具、材料的采购和交付，再进行改造、制造和组装。他们按照一致同意的进度和预算工作来应对无数影响进度、绩效、安全或环境的可预见但不可预测的事件，并在之后提供操作、升级、维护、修理等后续支持。

在最后阶段，工程师计划并组织拆除、废弃物处理和环境恢复工作。材料经常被回收或重复使用，而特定的部件会翻新并转手。

最终目标通常是充分满足客户、投资者和终端用户的期望，以促使投资者继续投资并委托更多的项目。

就这样，成功的工程案例几乎总是反映了数十位乃至数百位工程师，以及来自世界各地的成千上万人基于几十年经验所做出的贡献；也反映了所有参与者通力合作和共享技术知识的特定方法，这些方法是经过几个世纪的工程实践塑造的，通常已被铭刻在组织程序中。

召集如此之多的人从事一项不可预测的活动，必然会存在不确定性，而物质和环境的自然变化也加剧了这种不确定性。然而工程师们已经发展出了可预测程度惊人的系统方法。20世纪初，当人们目睹航空先驱们令人毛骨悚然的表演时，是极少能想象出现代航空业无与伦比的安全性和可靠性的。

因此，工程活动涉及两个方面：一方面是建立在科学和数学基础上的专业技术知识，另一方面是应用这些知识的人。工程师的工作受制于专业知识和参与人员两部分；工程性能受人为因素的束缚与物理定律不相上下；产品的价值既取决于初始设计和制造工艺，也在同等程度上依赖买方的主观感知、学识，以及他们能否有效使用产品。大多数工程师毕业时都能充分地了解工程科学的基础内容，但对人类本身以及人类团队的局限性却知之甚少。这就是为什么这本书更关注工程实践中人的因素，特别是如何进行有效的协作。

工程发明和创新历来备受推崇，但只有少部分工程师有机会接触尖端技术或加入研发项目——这通常被他们视为"梦寐以求的工作"。工程师喜欢创新带来的智力挑战，而在实践中，创新总是需要与当前的知识体系和由经验塑造的工作方式进行磨合，这一原则已在数以百计的国际、国家或公司标准中体现出来。渐渐地，工程师们开始意识到，即使是看上去最平淡无奇的工程工作也会带来令人着迷的挑战，而最复杂的挑战总是与人有关。

另一项原则是工程解决方案中蕴含的、关乎有效性和安全性的道德责任：避免造成损失、伤害和痛苦，以及资源浪费。从实际出发，工程师倾向于履行道德义务，因为有效合作是建立在员工、承包商和客户的信任基础上的。他们的工作圈子并不大，因此负面新闻总是传播得飞快。而在职业道德规范、政府和社会法规中也明确了相关道德原则，后者可追溯到数千年前的汉谟拉比法典。这些原则有助于塑造工程师的良知，正是在他们手中诞生了亘古绵延的人类文明成果。

争取政府、监管机构和当地社区的信任是有益的。这意味着公司逐渐建立了一种"社会许可"：通过日积月累的、符合监管要求和社会期望的道德表现，积累了人们的尊重和信任。

工程向来是一个涉及多元文化且由男性主导的行业。但如今，行业中的女性数量在逐年增多，尤其是生物医学、生态环境、食品加工、化学工程等领域。一些伊斯兰国家还拥有世界上最高的工程行业女性参与率。许多公司已经认识到，员工的多样性对于快速解决关键问题至关重要，因此他们正积极吸纳女性以及具有不同文化背景的工程师。而且现在跨国工程越来越多，熟悉外国语言和文化的员工会使工作更加轻松。

关于今天许多的工程工作终将交给人工智能（AI）计算机的预测已经屡见不鲜。然而，以人类目前的认知，这些预测大多是错误的。例如，在20世纪70年代就有人预测机器人和人工智能将使工厂不再需要工人，现在这已经被证明是不现实的。话虽如此，人工智能确实提高了信息技术（IT）系统性能，使工程师能够更快地找到有用的信息；人工智能还有助于提高机器人行动的连贯性；通常带有人工智能组件的计算机系统可以帮助人类极大地扩展自身能力。

大多数工程师热爱他们的工作，并且经常陶醉于花着别人的钱，提出某种解决问题的绝妙方案，将技术理念转化为现实并产生巨大收益时所带来的兴奋感。

在今天以及可预见的未来，工程师都会在许多人类文明的重大进步中起到重要的领导作用。最近的一些成就包括发展了信息和通信技术，将互联网扩展到全球乃至太空；通过工程师在供水、建筑、卫生和运输方面的工作，世界人口不仅在数量上得以增长，并几乎占据了地球上所有的陆地。工程师目前正在尝试进入海洋深处甚至外太空领域。

改变地球

现在，全体工程师面临的最紧迫的挑战是减少资源消耗、环境污染和温室气体排放，以确保人类文明在满足地球资源限制的前提下长期可持续发展。

众所周知，人类正在过度消耗地球资源。由于少数人正过着舒适的生活，那么允许数量众多的穷人追求同样的生活水平是唯一合理的行为。然而，如果所有地球人都以与现在的富人相同的速度消耗资源，那么我们的资源将很快消耗殆尽。因此，我们需要做的更多而用的更少——不光是资源，还有时间。换句话说，我们需要大大提高生产率！

在各方面质量都差不多的情况下，工程产品和服务在大多数新兴市场中要贵得多。这似乎有悖常理，多数人倾向于认为，在每小时劳动生产率较低的国家，工程成本应该更低才对。

以安全饮用水为例，在澳大利亚——世界上最干燥的大陆，一天24小时从厨房水龙头流出大量清澈、干净、安全的饮用水，总成本约为每吨3美元。至于印度、巴基斯坦和印度尼西亚等新兴经济体，饮用水的价格通常在每吨20至100美元。在巴基斯坦这样的国家，要获得生存所需的最低限度，可能需要花费低收入家庭四分之一的经济资源，这一支出占GDP的10%还要多。

工程师可以改变这种状况，为目前生活在贫困中的数十亿人带来巨大的改善。

这就是我作为一名工程师目前的工作：领导一家位于澳大利亚的初创公司 Close Comfort，开发新型空调技术。如今，在像印度这样的国家，只有 2%~3% 的人可以每天使用空调。每个生活在地球湿热地区的人都需要空调才能在睡眠和工作中保持舒适，然而，使数十亿人享用 20 世纪的空调所耗费的能源是不可想象的，并且还会造成地球急剧升温。因此，我们正在开发新技术，让所有人用上消耗可再生能源、对环境的影响最小，而且不需要大幅度改造现有建筑来安装的空调。我们能够在二三十年内改造空调技术，这个时间足以让人逐渐淘汰旧技术，以避免给环境带来不可承受的伤害。这是一个可持续的解决方案，同时也为用户节省了资金。

我们并没有从传统室内空调入手提高其效率，Close Comfort 是一个完全不同的概念，它始于我的亲身经验。

那是 2004 年 6 月初，凌晨 2 点左右，我在巴基斯坦伊斯兰堡一个位于一层的房间里。由于国家电网无法负担过多的室内空调，政府采取了限电措施，每个街区轮流停电一小时。当时，只听到陈旧的窗机空调"砰"的一声停了下来，吊扇也慢慢停止了转动。室温在几分钟后攀升到 40 度左右。我躺在一片寂静和黑暗中，感受着汗水顺着额头流下，旁边是蚊子蓄势待发的嗡嗡声。

那时我的想法是，如果有一台能用小型电池供电的空调，使凉爽的新鲜空气穿过蚊帐吹拂我的脸和脖子，该有多舒适啊。

多年过后，我们研发出了一款商用产品 Close Comfort，它的使用功率为 300 瓦，因为电力需求足够低，因此可以在家用 UPS 逆变器上运行（这种逆变器是南亚、非洲和其他许多间歇性供电地区的人们在家庭中使用的备用电池式电源）。Close Comfort 本质上是一个里面带风扇的小冰箱，可以吹送冷空气。它的主要理念是要给人降温，而不是给房间降温——这是一台个人空调（如图 1-3 所示）。

图 1-3　Close Comfort 个人空调

Close Comfort 同样体现了工程学中的另一个关键原则——KISS：Keep It Simple，Stupid（保持简单和傻瓜式）。这个原则不难理解，但在工程中实现优雅的简单并不容易。Close Comfort 是经过多年的耐心研究和反复实验才研发出来的。虽然保持产品的简单性极具挑战，但看到如此简易的产品能够高效工作并给许许多多使用者带来快乐，也非常令人满足。

作为工程师，我们可以从各个方面改变人类文明。对于正在阅读本书的人，无论你在哪里工作，我们都可以一起提高生产力和可持续性。对此人们一般会想到提高能源效率，但我们也需要全新的方法，比如使用更少的材料和能量满足人类的需求，如 Close Comfort。你同样可以参与这场全球变革，但首先，你需要学习如何在实际工作中做出成果。

工程专业

直到 19 世纪中叶，工程师还只有两种类型：民用工程师和军用工程师。土木工程师，也就是最初的民用工程师，在当时负责大多数工程项目，他们设计并组织建造了铁路、道路、供水和卫生系统、运河、港口和建筑物。等到了 18、19 世纪，工业革命促使制造业蓬勃发展，人们对机器的需求激增，因此出现了许多专业的机械工程师，他们设计、制造机器，使大量消费品源源不断地出现在市场上。到 19 世纪电机被发明后，电气工程自然而然地作为一门工程学科发展壮大。在 20 世纪早期，应化学工业的发展需求，化学工程得以发展并在日后成为一门重要的工程学科。20 世纪后期，随着计算机编程日益成为发展的重要着力点，软件工程应运而生。环境工程的出现则源于人们日益关注环境，想要减少人类活动的破坏性影响。

根据最新统计，目前已有大约 350 个工程专业（也被称为工程领域或工程分支）。但不论何种专业出身，工程师的工作都非常相似。从技术角度来看，几乎全部工程工作都秉承了工程学中一些相同的基本概念：

- 均衡：除非施加外部影响，否则事物保持不变。
- 数学：工程学的法则是建立在数学逻辑之上的。
- 系统思维：工程师围绕一组相互作用的物体和人工制品定义一个边界，然后思考哪些必须留在系统内部，哪些必须跨越边界。
- 守恒定律：能量、动量、电荷和质量必须守恒。除了某些核反应外，质量保持不变。
- 连续性：进去的东西一定会在某个地方出来。它绝不会消失。

工科学生前两年会学习这些基本概念。

工程学的其余部分包括思想语言，设计方法，相关的材料、组件和系统知识，对支持资源、实践和观点的理解，还有丰富且细致的技术知识。

正如我们会在接下来的章节中读到的，所有专业中通用的部分——协调性技术合作——在实际工程实践中占据了工程师大部分的时间和精力，而且在不同专业中差别极小。

许多，甚至大多数工程师最终从事的都是与毕业证上大相径庭的专业。因为大多数工程方法对所有专业都是通用的，所以对工程师来说，在其整个职业生涯中从事几份不同专业的工作并不难。

表1-1　工程专业

无论一个工程师毕业于何种专业，他都可以从通用的基础知识出发，成为其他领域的专家。该表将帮你了解这些领域及你有可能做出的选择（请注意它无法穷尽所有）。你可能有机会在职业生涯的某个节点进入一个完全不同的领域。

跨专业工程师

这些工程师可以来自任何专业。星号表示涉及一个或多个专业的高技术含量工作。

合同工程师	检验工程师 *	项目经理
成本工程师	维修工程师 *	研发工程师 *
工程学家 *	军事工程师 *	调度员
工程资产经理 *	专利代理人 *	仿真工程师 *
估测员	产品工程师 *	技术标准化工程师
设施工程师 *	生产主管 *	技术文档工程师 *
文物工程师	项目工程师 *	测试工程师 *

化学工程专业

生化工程师	石油天然气工程师	工艺工程师
生物工程师	运维工程师	工艺安全工程师
生物分子工程师	军械处理工程师	蛋白质工程师
生物工艺工程师	造纸工程师	工料测量师
化学工程师	专利代理人	反应工程师
防腐工程师	石化工程师	反应堆工程师
晶体工程师	石油工程师	反应堆操作员
炸药工程师	药物制剂工程师	炼油厂经理
食品加工工程师	工厂工程师	耐火材料工程师
基因工程师	装置操作工	现场修复工程师
健康安全工程师	聚合物工程师	纺织工程师
选矿工程师	工艺设计工程师	组织工程师

环境工程专业

水产养殖工程师	地理信息系统工程师	港口工程师
生物工程师	岩土工程师	河流工程师
生物力学工程师	地下水工程师	信号处理工程师
生物资源工程师	液压工程师	现场修复工程师
城市工程师	水文学家	智能基础设施工程师
生态工程师	灌溉工程师	可持续发展工程师
环境工程师	自然资源工程师	尾矿工程师
侵蚀工程师	海洋工程师	城市工程师
有限元分析工程师	海洋学家	废水工程师
防洪工程师	离岸工程师	供水工程师
林业工程师		风力工程师

土木工程专业		
农业工程师	防洪工程师	铁路工程师
机场工程师	司法鉴定工程师	遥感工程师
建筑师	基础工程师	油藏工程师
建筑工程师	地理信息系统工程师	河流工程师
生物力学工程师	地质工程师	道路工程师
桥梁设计工程师	地理信息工程师	卫生工程师
建造者	岩土工程师	地震工程师
运河工程师	地下水工程师	现场工程师
城市工程师	公路工程师	现场修复工程师
土木工程师	液压工程师	智能基础设施工程师
海岸工程师	水文学家	结构工程师
作战工程师	基础设施工程师	地下公用工程工程师
混凝土工程师	灌溉工程师	测量师
建筑工程师	地方政府工程师	可持续发展工程师
建筑管理工程师	维修计划员	尾矿工程师
建筑规划师	采矿经理	交通控制工程师
救灾工程师	采矿工程师	交通工程师
排水工程师	市政工程师	运输工程师
土方工程师	海洋工程师	隧道工程师
地震设计工程师	海洋学家	城市工程师
生态工程师	离岸工程师	公用工程工程师
环境工程师	路面工程师	废水工程师
侵蚀工程师	港口工程师	水利工程师
炸药工程师	工料测量师	供水工程师
有限元分析工程师	采石工程师	风力工程师
消防工程师		风洞工程师
计算机工程专业		
应用工程师	数字系统工程师	机器人工程师
应用支持工程师	嵌入式系统工程师	信号处理工程师
人工智能工程师	专家系统工程师	智能基础设施工程师
首席信息官	现场支持工程师	软件架构师
代码设计师	人因工程师	软件配置工程师
计算机工程师	信息系统工程师	软件工程师
计算机硬件和系统工程师	信息技术系统经理	软件支持工程师
客户支持工程师	任务专家	太空工程师
数据通信和网络工程师	网络工程师（计算机、信息技术）	潜艇工程师
数据科学家		交通控制工程师
数据库工程师	网络工程师（信息技术）	网络工程师
数字信号处理工程师	操作系统工程师	

电气工程专业		
验收测试工程师	酒店工程师	质量工程师
航空航天工程师	人因工程师	工料测量师
机场工程师	水电工程师	雷达工程师
模拟电子工程师	工业自动化工程师	辐射防护工程师
音频工程师	工业设计工程师	反应堆操作员
航空电子工程师	工业过程控制系统工程师	录音工程师
生物医学工程师	仪表工程师	可靠性工程师
仿生学工程师	照明工程师	遥感工程师
广播工程师	后勤人员	可再生能源工程师
屋宇装备工程师	物流工程师	机器人工程师
芯片设计工程师	机器状态监测工程师	安全工程师
城市工程师	机电工程师	卫星工程师
洁净室工程师	医疗设备工程师	半导体工程师
计算机工程师	医学影像工程师	信号处理工程师
计算机硬件和系统工程师	医疗器械工程师	信号工程师
配置管理工程师	微电子工程师	现场工程师
控制工程师	任务专家	智能基础设施工程师
客户支持工程师	纳米技术工程师	音响工程师
数据通信和网络工程师	网络工程师（电力）	太空工程师
数字信号处理工程师	网络工程师（信息技术）	造型工程师
数字系统工程师	神经工程师	潜艇工程师
救灾工程师	运维工程师	变电站工程师
电气工程师	光学工程师	开关设备工程师
电子工程师	光电工程师	系统工程师
电梯工程师	光子工程师	电信工程师
嵌入式系统工程师	工厂工程师	测试设备工程师
能源安全工程师	电力电子工程师	交通控制工程师
现场支持工程师	发电工程师	传动工程师
飞行控制工程师	电力系统工程师	水下声学工程师
飞航工程师	工艺工程师	水下武器工程师
司法鉴定工程师	采购工程师	价值工程师
高压工程师	保护工程师	视频工程师
		武器系统专家
		武器工程师
		电缆测井工程师

机械工程专业		
屠宰场工程师	暖通空调工程师	可靠性建模工程师
验收测试工程师	酒店工程师	可再生能源工程师
声学工程师	工业设计工程师	油藏工程师
航空工程师	工业工程师	电力传动工程师
航空航天工程师	工业过程控制系统工程师	动力装置工程师
农业工程师	基础设施工程师	动力总成工程师
空调工程师	仪器工程师	压力容器设计工程师
飞机工程师	完整性工程师	工艺工程师
飞机结构工程师	灌溉工程师	采购工程师
机身工程师	动力学家	产品设计工程师
服装工程师	照明工程师	发动机工程师
建筑工程师	机车工程师	假肢工程师
航天工程师	后勤人员	泵工程师
汽车工程师	物流工程师	质量工程师
弹道工程师	润滑工程师	工料测量师
轴承工程师	机器状态监测工程师	辐射防护工程师
生物工程师	机械设计师	铁路工程师
生物信息学工程师	维修计划员	反应堆操作员
生物力学工程师	制造工程师	精炼厂经理
生物医学工程师	人因工程师	耐火材料工程师
锅炉工程师	液压工程师	制冷工程师
屋宇装备工程师	水电工程师	机器人工程师
细胞工程师	工业自动化工程师	火箭工程师
陶瓷工程师	轮机工程师	转动设备工程师
城市工程师	船舶检验员	安全工程师
临床工程师	材料工程师	卫星工程师
作战工程师	机械设计工程师	调度员
复合材料结构工程师	机械工程师	地震工程师
状态监测工程师	机电一体化工程师	船舶工程师
配置管理工程师	医疗设备工程师	信号处理工程师
建筑工程师	医学影像工程师	现场工程师
建筑管理工程师	医疗器械工程师	智能基础设施工程师
建筑规划师	冶金学家	音响工程师
控制工程师	采矿经理	太空工程师
低温工程师	矿物加工工程师	运动工程师
客户支持工程师	采矿工程师	结构工程师
设计师	任务专家	潜艇工程师

续表

机械工程专业		
模具设计工程师	移动设备工程师	海底工程师
救灾工程师	模具设计工程师	地下工程师
钻井支持工程师	纳米医学工程师	供应链工程师
钻井工程师	纳米技术工程师	系统工程师
电梯工程师	海军建筑师	测试设备工程师
能源工程师	核工程师	纺织品加工工程师
发动机设计工程师	核武器专家	热能工程师
环境工程师	离岸工程师	热力学工程师
工效学工程师	石油天然气工程师	组织工程师
炸药工程师	运维工程师	工具设计工程师
面料工程师	光机工程师	交通控制工程师
工作服专家	军械处理工程师	传动工程师
现场支持工程师	包装工程师	摩擦学家
有限元分析工程师	专利代理人	涡轮工程师
消防工程师	石油工程师	水下声学工程师
飞行控制工程师	管道工程师	水下武器工程师
飞航工程师	管道设计工程师	价值工程师
流体动力工程师	工厂工程师	车辆工程师
食品加工工程师	装置操作工	振动工程师
司法鉴定工程师	塑料工程师	供水工程师
锻造工程师	气动工程师	武器系统专家
断裂力学工程师	港口工程师	武器工程师
家具设计工程师	康复工程师	焊接工程师
齿轮设计工程师	可靠性工程师	风洞工程师
地热工程师		游艇设计工程师
健康与安全工程师		纱线工程师

扩展阅读

《30 秒工程》[*Trevelyan, J. P. (2019). 30-Second Engineering. London: Ivy Press*]

第二章

工程实践

工程实践大多是无形的，尽管工程成果随处可见，如电话、建筑、道路、车辆、飞机等（要列一份完整的清单几乎是不可能的），然而，这些都是实体：有些是巨大的人造结构，还有一些小到几乎无法用肉眼看到。

从另一个角度讲，工程实践也是一种人类活动。虽然必定有一些非凡的人才参与其中，但绝大多数的工作者都是普通人。我们可以借由图纸、模型、文件等人工制品欣赏工程蓝图或工程结果（也就是成品），但它们很少能呈现工程师在创造过程中花费的心血。

工程师是构思、计划和组织工程实体的交付、操作、维护和拆除的人。工程实践是工程师们为此所做的工作。通常工程企业有数百名或数千名员工，工程师只占其中一小部分，还有许多具有金融、贸易等相关专业知识技能的人参与其中。

许多工程师会告诉你，他们几乎没干过"真正的工程"，在工程院校学到的设计、计算知识和问题解决方式被搁置了。相反，他们似乎每天都处于人们所说的"随机的混乱"之中，看起来平凡琐碎的报告、会议、电话、问题、困惑和误解填满了他们的工作。

借用漫画家斯科特·亚当斯（Scott Adams）创造的工程师形象——呆伯特（Dilbert）的一句话："我的工作包括向一无所知的人解释，被他们曲解，等他们决策，再由我解决糟糕的决策造成的大量问题。"

在古文明研究中，最大的争议之一是关于埃及金字塔的建造。尽管古埃及帝国的遗迹中随处可见大量的象形文字，但至今没人发现任何解释金字塔是如何被建造的记录，也许根本就没有人记录。

图 2-1　新建成的铁路隧道。大多数工程照片中都难得见到工程师的身影。除了入口附近外，隧道里面没有光照，人们在伸手不见五指的黑暗中穿过，相互难以看清。这与本章提到的一个观点有异曲同工之妙——工程实践在很大程度上也是不可见的（图片来自 Ricardo Gomez Angel unsplash.com）

今天的工程师似乎和他们的埃及前辈也没什么不同。我们的工程师创造的文件和物品仅仅彰显了工程活动某一阶段的终点，其结果的形成过程（即人类在工程领域的表现，我们称之为工程实践）并没有比 4500 年前被更多地记录下来，而是一如既往地以隐形的方式上演。

了解看不见的东西是很困难的。因此，本书将揭开哈利·波特（Harry Potter）的隐形斗篷，也许下面隐藏着工程实践的秘密。我们要使工程实践显像化，并解释对大多数工程师来说已经变成理所当然的事情。在图 2-2 中，本书试图画出一些工程实践要素。

工程是一项协作性事业，专业技术知识、远见和规划必不可少，有三种个人基本能力是必须具备的：

第一种，工程和商业科学（Engineering and Business Science）：阴影面积定性地显示了有多少是在大学教授的。

第二种，感知技能（Perception Skills）——听、读、看：它们构成了沟通协作能力的基础，但经常被忽视，在学校也很少被提及。

第三种，隐性知识和独创性（Tacit Knowledge and Ingenuity）：多数是在无意识的情况下通过累积经验形成的，学校课程在很大程度上忽视了这部分内容，但它是创造力和迅速决策的基础。

图 2-2 中的三个杯子代表成功实践的结果——产生了价值和满意度，其中客户满意是付费的前提，良好的声誉能带来未来的机遇。

图 2-2　工程实践要素

价值创造立足于两个平台：技术合作能力、技术和金融方面的展望与规划，这些并不在工程院校的课程表里。

该图虽然简单，背后却隐藏了大量的复杂信息，我们将在后面的章节予以讨论。总之，本书的目的是介绍和揭示如今的学校很少关注的实践要素有哪些。

让我们通过图 2-3 从另一种角度分析工程实践，它显示了工程活动的两条线。

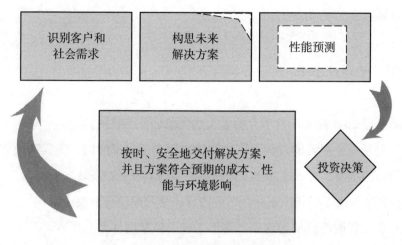

图2-3　工程实践的简化模型

图 2-3 上半部分显示了三个阶段。第一阶段：与客户进行识别、理解、协商并了解社会需求，然后通过多种方式与客户和社会公众讨论工程的可行性；第二阶段：构思能够满足这些需求的可行的、经济的解决方案；第三阶段：性能预测，研究备选方案的性能和成本。

图的下半部分是指在考虑了成本、安全、预期性能以及可接受的环境与社会影响后，及时交付满足需求的解决方案的过程。离开该过程，工程活动就无法产生任何可用的东西。而一套解决方案，无论看起来多么优美，在离开纸面前都谈不上有什么实际价值。所以，高效的工程师不仅能交付方案，还能让想象成真。

左侧大箭头代表成果交付经验的增长能帮助工程师更好地识别客户需求、产生新想法、预测工程性能，形成了一个工程师从经验中不断积累专业知识的反馈环。

虚线包围的白色区域代表了工程实践深层次的技术基础，即许多工程师所谓的"真正的工程"。当然，其余工作也离不开专业技术，但高效的技术合作更需要考虑的是社会 – 技术因素（Socio-technical Element），在实际工作中正是这一部分夺走了工程师大量的时间和注意力，这也是本书提及的以提升技术合作为核心的原因。遗憾的是，这在工程实践中占支配地位的一部分却很少在工程院校中被提及，这就是为什么许多工程师发现他们的大部分工作内容都称不上"真正的工程"。

如何使用这本书

本书用 20 个简短的章节介绍了工程实践的基本原则。

学习是一个艰苦的过程，仅靠阅读文字是远远不够的。工程师应该保持终身学习的习惯，而系统的学习方法会使你的学习更加高效。

如果能深入了解我们正在学习的内容，学习速度会更快。

专业工程能力框架为我们提供了工程实践学习体系，读者可参考本书的线上附件（详见英文原版图书）。本书的其他资料可在英文原版图书的出版商网站上找到。

自 20 世纪 90 年代以来，人们习惯于将工程实践所需的特质描述为"能力（Competencies）"，简单说来就是知识、技能和态度的组合。但是，我们需要对工程实践有非常详细的了解，才能恰当地解释什么是能力。

例如，沟通常被认为是工程师所需的基本能力之一。大学老师理解的"沟通"是学生能够演示 PPT 和进行汇报。然而，为了将混凝土在正确的时间点运送到施工现场的正确位置所进行的协调工作考验的是完全不同的沟通技巧。

专业工程能力框架列出了你的主管希望看到的你在工作前三年表现出的"技能"。作为一名工程师，你需要学习这些技能并在无人监督的情况下独自练习。有些技能很简单，有些则涉及复杂的社会交往，需要不断练习和反馈以达到专业标准。

我的建议是，当有机会与主管面对面交谈时，主动与其讨论某些技能，最好每周一次，因为这些技能很重要。不断观察能展现你技能水平的情况，并在达到专业水平时将其记录下来，这可以作为你的学习记录。再加上其他能证明你工作成就的记录，它们可以帮你向所在国家的专业工程组织申请注册工程师（Chartered Engineer，CEng）资格。

你的大部分记录可以写在工作日志上，最好用一本空白内页的笔记本。你可以记录想法、草图、会议、通话，对不同任务的时间安排，甚至是与他人的非正式互动。工程师记录日常工作是非常重要的，现在的语音识别技术已经很方便了，你也可以用手机来写电子工作日志，不过将手写文件与电子笔记结合起来还是有点麻烦。我本人会用 Dragon 的专业语音识别技术（可以处理专业词汇和缩略语），但仍然用纸质笔记本作为主要记录工具，缺点是笔记本容易被随手乱放。

我需要提醒读者注意的一点是，出于安全原因，智能设备正在工作场合受到越来越多的限制。因此，永远不要丧失用纸笔记录的能力。

有许多理由可以解释对工作进行详细记录是至关重要的。例如，你可能需要用它来说明某项咨询服务的发票的来源；有一天，你可能需要在法庭上为曾经的决策辩护，而你的日志可以提供关键的书面证据，证明你在多年前恰当地履行了专业责任。

每周读几页本书。理想情况下，你应该在日程表中排出时间（可参考第十九章"时间管理"），把它当作只有你自己一个人的周例会。

每天工作快结束时，在工作日志中记下今日重点，描述手头的工作、参加的会议、重要的电话和其他重要事件。

在一周中的最后一个工作日，回顾本周阅读的内容并用自己的语言提炼书中的观点。

然后总结和记录：

第一，回顾你在本周学到的与迄今为止你在书中读到的观点相关的内容，并简要总结。

第二，描述本周发生的，能让你进一步了解书中观点在实践中应用的一次学习经历。几段文字即可，不要超过 400 字。

接下来的章节中还包括其他练习，作为本书读者的你，都应该努力完成。

第三章

寻找带薪工作

寻找一份有薪水的工作是所有工程师职业生涯中必不可少的第一步。这可能是一段心力透支期，尤其是对我来说——花了几个月的时间求职，一直被抑郁和烦躁的情绪困扰，如果我早点学会本章介绍的求职方法，也许当时就不会如此沮丧了。

按照本章提供的方法，即使不能马上找到工作，几个月后你的求职竞争力也会大大提高。如果6个月后还没有找到工作，请写下你的经历，并发送一份求职日志给我，我可以利用你的反馈来对本书再版时进行改进。不过，25年来，还没人告诉我该方法没有作用。

工程工作的求职者往往有以下两个误区：

第一个，工程工作总是有公开的招聘信息；

第二个，必须有相关的工作经验。

事实上，80%~90%的工作不会公开发布招聘信息，公司期望合适的人在他们需要的时候出现，这就是所谓的非公开就业市场（Informal job market）。应聘这些工作的唯一方法是利用关系网，如本章所说，你应该多接触其他工程师以及与工程师有工作联系的人，建立关系网能帮工程师更容易找到工作。

公司确实喜欢雇用有经验的工程师。然而，如果找不到经验合适的人，他们也会考虑其他申请者，并可能为其提供适当的培训。

应征公开招聘的职位通常要付出大量时间，并且很可能结果是一场空。即使你通过了筛选，接下来还要花几天时间参加测验和面试。

害怕失败

对于大多数工科毕业生来说，对负面反应的恐惧是前进路上的最大障碍。有这种想法的你并不孤单，但背负着恐惧采取行动正是勇气的体现：记住，我们都有同样的恐惧，不去尝试就不会成功。

第一阶段：准备

第一步：创建求职日志，建立求职联络表

拿一个笔记本（A4 或 A5 大小），在封面写上名字和联系方式，以确保丢了还能找回来。用这个笔记本记录关于求职的一切：你遇到的所有人的名字，他们的联系方式，以及你看到、听到的所有相关信息。在手机上也创建一个电子版本。另外，以防手机也丢失，确保你的手机有安全可靠的备份功能。

所有新认识的人都要写下来，并备注你们相遇的时间和地点，之后简要记录你们的每一次互动。

第二步：开启关系网

询问你所有的亲朋好友是否认识和工程项目沾边的人。可能你的叔叔阿姨并不是工程师，但他们可以为你引见一个能给你带来新起点的人。

与你的同学、同事保持联系，他们可能会给你介绍新的朋友。

加入工程师组织。在澳大利亚只有一个面向所有工程师的"澳大利亚工程师协会（Engineers Australia，EA 或 IEAust）"；其他国家可能在不同的工程领域有不同的组织。你可以以学生或毕业生的身份加入，这样，大多数组织只会象征性地向你收取会费。你还可以参加同城会议，一定要在每次会议上结识一两个工程师，记下他们的联系方式，并请他们推荐你可以拜访的人。你会发现大多数工程师都乐于提供帮助，因为他们也是从这个阶段过来的。

广泛参加与你兴趣相关的会议和展销会，它们可以帮你拓宽人际关系。

在获得第一份工作后，你应该继续建立人际关系网。你的联系人列表将是你在职业生涯中创造的最有价值的文件之一。

第三步：准备简历和网上资料

你必须有及时更新的书面简历，并在网上创建个人资料——领英（LinkedIn）是首选，还有 Seek.com 等招聘网站。

书面沟通技巧相当重要，如果公司认为应聘者技术能力强且擅长有效沟通，他们甚至愿意雇用一个英语说得不太好的工程师。但是，差劲的简历或资料常常导致求职者被踢出雇主的考虑范围。所以，有必要找人校对你的简历和个人资料。

简历应该精炼，最多不超过两页，但你可以写上可通过访问领英或其他网站了解更多你的个人信息。

有很多教人怎么制作简历的优秀书籍。在这一章的结尾，我们提供了一些书单，你可以去本地图书馆或网上书店查看。此外，这些书也提供了关于面试的宝贵建议。

除了本书提供的大量有价值的指导外，你还应该注重别人的反馈，最好是来自有招聘经验的工程师或职业顾问的。

第一，常见错误。

大多数公司会因为以下原因拒绝 75%~95% 的求职申请：

- 没写求职信，或信中没有体现出你对该公司的了解。
- 简历排版很差或有明显的拼写错误。
- 简历中以往的工作经历无法清晰地展现个人素质。例如，申请人可能写道："我参与了太阳能光伏发电系统的安装。"与其这样，还不如描述一下实际工作内容，比如：

    我必须与客户及负责安装的承包商保持联络，并安排最佳时间来安装太阳能光伏发电系统。

　　我必须在安装前夕确保客户和承包商都准备就绪，且经过培训的人员以及工具、设备、材料都已经到位。

　　你要描述做过的实际工作，即使它们看起来与你心目中的技术性工作相差甚远。

　　第二，检查你的网络形象。

　　当一家公司初步考虑录用你时，他们一定会在脸书（Facebook）或领英等网站查看你的网络形象，看是否有令人难堪或尴尬的信息出现。所以你需要全面检查你的网络形象，删除任何可能让你的雇主感到尴尬的东西，无论是英语还是其他语言的！有条件的话再请一个负责任的朋友代替你检查一遍。

　　第三，关键特质。

　　在简历中，以下特质会让你更加突出，增加成功概率。

　　一是领导力。

　　工程师必定同时是领导者，即便其身处不负有管理责任的纯技术岗位上。一个能够理解工作需求，然后激励其他人合作并促进目标实现的工程师在任何组织中都是有价值的。你可以描述参与过的各色活动以展示领导力，例如俱乐部或社区活动，尤其是募捐活动；也可以通过兼职工作，比如在餐馆当过轮班主管，证明你具有领导力。

　　二是团队合作。

　　参加过团体运动或组织委员会工作有助于展示你的团队合作能力，你不一定需要在其中担任领导角色。

　　三是主动性。

　　主动性体现在你并不会等他人做出指示或请求后才开始行动。你需要向招聘者证明你已经事先了解过他们，你有资格通过公司的初步筛选并与技术人员交谈。

　　但是，在许多文化中，证明主动性的行为常常让人看起来很怪异，因为这与人们习惯的社会认知相悖。在这些文化中，年轻人习惯于在年长的、经验更丰富的人面前保持沉默和尊重。因此，他们展现主动性的方法应当有别于更开放的、不那么等级森严的欧洲、澳大利亚或美国的求职者。

四是意志力。

工程企业高度重视人的意志力。你可以借用求职经历来证明你的意志力，同时还可以证明你的组织能力；如果你现在或曾经遭遇过重大挫折（家庭破裂或严重疾病），可以简要说一下你是如何克服的。

五是可靠性和责任感。

描述他人对你的信任。例如你担任过俱乐部或社团的财务主管，团队成员愿意把钱交给你保管，这表明你既受人尊敬又值得信任。

六是本地工作经验。

不论在当地哪家公司的兼职经历都能够为你提供有用的经验，特别是当你拥有销售、营销、行政、职业健康、员工安全和员工监督方面的求职背景时。

七是从经验中学习的能力。

解释你是如何从过往经历和周围环境中汲取知识的。即使只是在快餐店工作，你也有很多机会接触到进货、订单处理、财务记录、员工绩效记录以及企业运营的许多其他环节。

第四步：通过研究供应商扩展工程知识

对任何一个执业工程师来说，最有价值的知识领域之一是知道什么公司提供什么产品。你需要登录供应商的网站，记下他们的位置和联系方式。

思考你在工程工作中可能需要的产品和服务，并搜索相关信息。

积累你自己的信息库，包含技术数据表、服务规范、成本、交付时间和适用标准。

第五步：扩展知识和技能

在开始工作前，好好利用这段时间积累知识技能，此时的积极主动能显著提高未来的就业能力。

阅读第四至第八章，评估你的听力、阅读和视觉能力，并进行技能练习。

在专业工程能力框架中找到你可以在工作前学习和实践的条目。这些条目包括第 3 节（知识产权，这在大多数工程课程中着墨不多）、第 4 节（职业健康和安全法规，参加急救课程）、第 5 节（阅读练习，回顾大型工程项目的历史）、第 7 节（就业法规）、第 11 节（批判性思维）和第 12 节（阅读大型工程项目文献资料）。

阅读最新的商业和财经新闻，了解你所在地区与工程相关的重大商业活动。你需要跟上发展趋势，才能知道资本可能会在哪个领域为你创造就业机会。

观察你周围建造的一切并系统记录。你可以聚焦最感兴趣的工程专业，但观察其他工程专业创造的产品和设施也很重要。你还应该观察你所在地区的工程服务，包括供水、排水、卫生、电力、道路、建筑、通信和交通。

拍摄有代表性的设备，清晰呈现其维修状态，特别是明显的故障（如果有的话）。此外，注意把它画出来，最好是取材于实地景象，当然依据照片也可以。用素描来表达技术理念要清楚得多，因为你可以略去照片中的视觉混乱之处。

评估现有产品和基础设施满足人们需求的程度。要做到这一点，仅仅依靠你自己的判断是不够的，你需要询问真正的使用者。整个讨论过程应该是比较随意的，你甚至可以从谈论业余爱好入手，一旦使用者放松下来，问问他们如何评价某种产品和服务的价值，并记录他们的回答。

详细记录所有明显需要维修的基础设施，尤其是道路、排水管、供水和电力连接。即使它们的运行令人满意，也要记录当前状况。每当发现有人正在维护时，请征得维护人员的同意，观察和学习他们的工作。加入他们的闲谈，你会惊讶地发现自己能学到不少东西。

第四，规范。

积累相关工作规范。询问关系网中的工程师在你希望进入的行业中最重要的规范是什么。

工作场所的安全规范和当地的就业法律法规是工程师需要了解的一些最

重要的准则，这些信息通常可以从政府网站上获得。

如果你还是学生，并且你的学校支持网上查阅相关规范，那么记得在离开学校前一定要下载副本。可以尝试在 PDF 阅读器中禁用 JavaScript 来保存某些可自毁的 PDF 文件；否则就把它们打印出来，保存纸质文件或再扫描为 PDF 文件。

如果你没有网上查阅规范的渠道，可以寻求其他工程师的帮助。大多数人都乐意和人分享，尤其是相关规范的重要部分，并且他们也愿意帮助你提高知识水平。

第五，编程。

你可以自学 Microsoft Office、Visual Basic 和 Acrobat 等软件的宏编程功能。Word、Excel 和 Outlook 都支持宏编程，以将许多任务自动化，并提供智能文档模板。许多公司会在日程工程文档中广泛使用宏，以确保工程师能充分处理某特定任务的所有事宜。

另一个需要学习的有效编程环境是"Python"，它可以使许多计算机任务完全自动化。所有这些软件的价格都比较适中，并且网上有大量自学资料。

第六，承包商。

通过本地关系网、新闻媒体和诸如"黄页"等联络簿，你可以了解将来能为你的工程工作提供支持的小型承包公司。这些支持是多种多样的，包括土方开挖及运输、电缆敷设、安全系统、围栏施工、照明和运输，等等。你需要研究材料和工具供应商的相关内容：可以前去公司拜访，结识对方员工。拿到名片并注意其中的细节，或者在纸上记下相关人员的姓名和电话号码，如果可能的话再加上电子邮箱地址。

第七，材料、人工和组件成本。

走进五金店，了解建造房屋所需的所有组件和材料的价格。编制一份包含所有条目的综合清单，并计算所需组件和材料的成本。

找到一些建筑承包商，了解安装这些组件和材料所需的人力成本，以及雇用专人监督的成本。这需要你付出时间和精力，但你会发现这对你的工程师职业生涯会很有价值。

第八，物流。

通过在面包店或快餐店工作来学习物流知识。了解每种材料需要提前采购多少、如何储存、保质期是多久、用了多少、有多少因为无法使用而不得不丢弃。向经理学习，他们总是能推算出在什么时间做哪些工作，以在顾客进店时刚好将面包或熟食准备好。

第九，经济学。

学习商业经济学。了解材料和人工成本。总人工成本（见第十六章）不仅包括给员工发的工资，还包括税金、员工工作所需的建筑和空间成本、监督管理和培训成本、雇人清理废料的成本，以及保险、管理和会计成本，还有其他间接成本。你需要知道客户为获得最终成品和服务需要支付哪些费用。

第十，预测。

观察你附近的建筑活动或其他工程相关活动，比如火车或船只在铁路或港口上装卸货物。学会做出准确的预测，比如试着估计：

第一种，火车（换成公共汽车也可以）到站所需的时间和距离；

第二种，停车期间的所有活动所需的时间，以及发车后的加速时间；

第三种，需要的全部空间。

不依赖详细计算而快速做出相对准确的预测，能帮你进一步开发工程师能力，这一切都与观察有关。

观察并预判故障。对象可以是家里的马桶水箱，也可以是屋顶的一处松动（有可能在下一次强风来袭时被吹走），或者是空中被腐蚀的电线或电线杆、发出噪音的车轮轴承。

在等待故障发生时，计算可能的成本。描述故障可能造成的破坏，预判安排和实施维修花费的时间，以及在维修过程中哪些活动会被迫中止、重新安排或更换地点。考虑故障可能发生的几个时间点（例如最糟糕的情况或其他不方便的时间段），看看在不同情况下成本有什么变化。

第二阶段：拜访工程供应商和潜在雇主

去工程组件及服务供应商，以及招聘工程师的中小型公司应聘是最容易成功的。但是，如果你能与在较大公司里工作的工程师取得联系，就不要考虑前者了。去那些工程师的工作地点上门拜访（参考专业工程能力框架第13c、13d，在本书第九章有提及）。

与销售工程师交谈。他们的工作要求他们与所有购买本公司产品和服务的工程企业保持联系。大多数情况下，他们会愿意帮助你，因为他们知道有一天你会成为工程师，到那时候你可能更倾向于购买他们的产品和服务。

第六步：计划

打电话或写信给供应商，请求上门了解他们的产品和服务。你必须清晰地说明你方便的时间。此外，除非之前通过别的渠道联系过该公司，否则直接寄信给 CEO 时，记得写上请他们在即将参加展销会展示服务和产品的时候通知你。

如果对方两周（如遇假期则延长）内没有回复，可以打电话询问何时回复，以及请他们推荐一个合适的拜访时间。

在收到回复前，每周打电话跟进。在求职日志中记录每次交流的对象、日期和时间，以及是否拿到电话号码（可以直接联系到本人、不必经过公司总机的号码）。将你交流过的每个人添加到联络表中。

只有当电话联系不成时才可以考虑发送电子邮件，除非对方曾经通过电子邮件回复你。

第七步：拜访工程供应商

确保穿着得体，并带上你的日志。

到达后，可参考以下内容进行自我介绍：

我即将成为一名工程师，现在想先来这里了解一下你们的产品和服务。因为我还没有正式开始工作，所以我有比较充裕的时间来认识工程产品以及当地的供应商。我已经在你们的网站上学习过相关内容，但我需要了解更多的信息。

不要一开始就谈到与求职相关的话题。原因很简单，询问求职信息会让员工有机会用"对不起，我们只在网上发布招聘信息，我不能在这儿回答您关于工作的提问"来敷衍你。就产品和服务提问会让他们更愿意回答你的问题，因为你看起来可能会购买。不然的话，你也不会想在一家会赶走潜在顾客的公司工作了。

以讨论技术问题为由请求与工程人员或技术销售代表交谈。注意保持耐心，并做好另约时间的准备；预约后，在当天早一点的时候打电话确认。

询问技术人员的经验背景、公司在当地或该国储存了哪些产品、哪些可以24小时现场供货，以及无库存产品的交货时间（包括清关时间）。询问供应商有没有培训课程，以及你是否能旁听其中的一场。寻找可以在家学习的材料，如果可能的话，快速浏览一遍该公司真实的产品样品。

工程师或技术销售代表可能会问到你期望的工作。你可以描述最期待的职位，但要表露出来还没有最终决定。如果技术销售代表没有问你将来的打算，你可以直接问他："如果我想加入……工程行业，您认为我应该去找谁？"

你甚至可以问他们有哪些有趣的工作场所。

将你遇到的所有人都添加到联络表中，并附上详细信息——它们将来都会发挥作用。

仔细聆听并做笔记，如果你不确定理解是否正确，可以请对方进一步阐释（见第五章）。尽可能地提前了解你前去拜访的公司，在结束后详细总结，并列出他们的产品和服务清单。

如果你受到了不友好的对待，一定要把细节记下来。一两年后，当你已经成为一名工程师时，如果那家公司的员工找你推销产品或服务时，你就可以利用这一点进行压制。例如，当讨论到价格等商业条款时：

有件事我不得不提，这有助于我们的下一步讨论。你们的人可能不记得我了，但我还记得上一次去你们公司的场景。不知你们能否拿出真正有吸引力的报价，以扭转我那时候对你们的印象，好展现贵公司的良好形象！

第八步：继续寻找新的工作机会

除了拜访供应商外，继续对潜在的工作机会做背景调研。

阅读线上或纸质报纸，上网浏览诸如"寻找经验丰富的工程、矿业项目经理组建××团队"的招聘广告。试着联系这些招聘高级别人才的公司，因为他们新组建的团队可能也需要你这样的年轻成员。并在等待4~5周后尝试登门拜访（下一节将提供相关建议）。到那时，新经理可能已经走马上任了，问问能不能见到他们。

阅读商业新闻报道，关注那些宣布扩张计划或开展特殊项目的公司。研究可能参与这些项目中的规模更小的公司，并与这些公司取得联系，询问他们希望在不久的将来拿到什么合同。决定在哪个公司工作之前，一定要尽可能多地了解这家公司的相关资料。

许多行业都会发行免费杂志（或电子邮件、网络时事通信），里面有面向行业内工程师的广告，比如《新工艺技术》。订阅这些杂志，并阅读与你所在行业产品相关的内容。

第九步：拜访潜在的雇主

你需要为拜访潜在的雇主做一些额外的准备。由于应聘的方式对获得工作的概率影响颇大，因此最好能利用之前建立的关系网，或通过拜访工程供应商的方式与公司产生交集。不过，"无约电话"（Cold calling）也可能成为有效的求职方式。

如果你的成绩不够优秀（有挂科），应避免大公司的职位和公开招聘的职位。

在求职前，思考你的目标：

- 是否要开启一段职业生涯？长期的还是短期的？
- 是假期打工还是专门的实习——报酬重要吗？
- 能否获得工程经验？具体是在哪个特定领域？
- 能否获得通用工作经验？你愿意在一段时间内无偿工作吗？
- 这份兼职工作能帮你增长经验并获取经济回报吗？

在联系一家公司前，你要尽可能多地了解它。查阅公司网站，留意最近的年度报告或项目报告。

以类似下文的自我介绍开头，但接下来必须说明你此次拜访也是为了求职。

我已经对贵公司比较熟悉了，来这里是想多了解一下你们的产品和服务。同时，我也对参与你们的业务、和你们一起工作很感兴趣。

确保你能简要描述与该公司业务相关的技能，以证明你已经用自己的方式调查了该公司，为他们认真对待你的申请提供充足的理由。

当谈话进行到他们对和你一起工作感兴趣时，表明你的具体目标，让这些目标听起来与公司的利益一致。

第十步：跟进机会，考虑自己创业

在你拜访公司并建立职业关系网时，一定要定期联系所有可能帮得上忙的人。在你遇到某人 3~4 周后，再次找他询问最新情况，这有助于更新对方对你的记忆——机会无处不在，但除非与那些人保持联系，否则你永远不会知道。

尽管尽了最大的努力，但几个月后还是找不到工作，这时候又该怎么办？

你所做的所有的准备工作其实都为你提供了很多创业所需的知识。请阅读《培养专业工程师》第十四章，那里有一些即使在最糟糕的经济时期和地区也能奏效的建议。

为了机会而搬家？

如果你身处一个与拥有众多工程相关公司的大城市，会更容易利用本章提供的建议。但是，也有很多充分的理由驱使人远离家乡工作。

首先，大城市以外的公司通常更难吸引优秀的工程师，因此你获得工作的概率更大，薪水可能也更高；其次，大城市的公司常常向本地专家寻求外部帮助，甚至是在不那么重要的问题上，但远离城市的公司往往更加依赖他们自己的工程师，所以你会肩负更大的责任，拥有更多的机会来展示自己的能力；再次，尽管相应的社交途径也少了，但你可能会发现在一个小社区里建立长久的友谊要更加容易；最后，通勤时间可以忽略不计，因此你拥有了更多的娱乐时间，说不定还可以游览很多独特的地方。

参考文献和扩展阅读

《你的工程师职业生涯：寻找工程工作的完整指南（第一版）》[*Anderson, T. A. (2019). Engineer Your Career: A Complete Guide to Landing a Job in Engineering (1st ed.).USA: Thomas A Anderson*]

《成为一个成功的工程师：创造非凡工程生涯的7个关键因素，更新和扩展（第二版）》[*Fasano, A. (2015). Engineer Your Own Success: 7 Key Elements to Creating an Extraordinary Engineering Career, Updated and Expanded (2nd ed.). Wiley-IEEE*]

《女性工程师：超越偏见，释放潜力，创造梦想的工程事业》[*Slocum, S. L. (2018). She Engineers: Outsmart Bias, Unlock your Potential, and Create the Engineering Career of Your Dreams. Engineers Rising LLC*]

《培养专业工程师》[*Trevelyan, J. P. (2014). The Making of an Expert Engineer. London: CRC Press/Balkema - Taylor & Francis*]

第四章

被忽视的感知技能

沟通能力是公认的工程师应具备的最重要的能力，是在企业中促进合作并产生价值的基础技能，是工程师将想法转化为现实的必备手段。

然而，大多数教育者和短期课程只关注单向沟通——写作，以及充满自信地进行技术演示或推销。因此，接下来三章我们将重点讲述被忽视的感知技能：倾听、阅读和观察。

这些技能至关重要，原因有二。

第一个原因是，在交流的传播方面，写、说、画（使用图形图像和其他视觉内容）都取决于你是否具有准确阅读、倾听和观察的能力。例如，在发言之前，你需要倾听听众的需求，以使用他们能听懂的单词和短语进行演讲。会计师和工程师可能都说英语，但他们的用词方式却有很大的不同。

感受观众有没有在听也很重要，如果大家都不在状态，这时候继续说话无疑是浪费时间。

第二个更有说服力的原因是，成为一名专业工程师需要长期学习：你需要花费 10 年或更长时间才有可能在某个领域成为专家。而你获取工程专业知识的速度几乎完全取决于这三种感知技能：倾听、观察和阅读。你的学习能力由你感知现实的能力决定，这可能比表面上看起来要困难得多。

感知技能体现在准确认识周围的世界并注意到重要的细节。过去你需要老师向你指出什么是重要的，而从现在开始，大多数时候你将不得不依靠自己的感觉。

在与他人交流的过程中，那些信息量最大的对话常常无法被记录下来，人们一般也不想为此做笔记。即使你可以录音，也来不及回去反复听。你必须当场快速准确地理解人们所说的话，即使对方常常口音很重，有语法错误，使用的词语既奇怪又出人意料。

应用视觉技能可以感知人工制品的细微特征（如裂缝、裂纹、变形和细微缺陷），以及图像传达的异常特征（如显示器上的异常数据趋势）。阅读图纸的能力也至关重要，它需要人具有空间想象力和可视化能力。对专业工程师来说，草图、图形和图纸是向他人传达目的和意义的有用方式，但制图者必须首先做到精准观察。

当你去到现场，你应该注意那些重要的东西。你肯定会带拍照手机，这时候你需要知道该把相机对准哪些地方以及如何拍照来记录重要信息。

你会收到很多描述缺陷、错误和失败的口头或电子报告。绝大多数报告只会描述部分内容。你需要尽可能联系相关人员，亲自检查现场，仔细倾听每个能提供有用信息的人。如果可以的话，主动向负责整改的人提供帮助，即使这意味着你需要干更多的活。通过这种方式学到的东西要比你在办公桌上阅读报告多得多。

换句话说，你需要重新学会使用自己的耳朵和眼睛，这需要时间来练习。

要想成为一名称职、善于表达、在公司有影响力的工程师，这三项感知技能缺一不可。本章还提供了一些心理学研究的最新成果，借此你可以理解掌握高水平的感知技能有多么困难。

在我们深入了解细节之前，你还需要明白，掌握这些技能只是开始，它们不过是与他人展开有效合作所需的基本技能。我们将用接下来的四章讨论感知技能，并在此基础上将重点转移到合作技能上。

感知现实

要想观察真实世界，需要理解先验知识（Prior Knowledge）是如何既帮助又欺骗我们的。世界往往和我们期望的不一样，而真正的学习只发生在我们意识到期望与现实不符的时候。

不带一点儿过去的信念去感知世界是相当困难的，我们总要对即将经历的事情有些期待。然而，这些信念和期待也可能蒙蔽我们的双眼，这就是为什么学习常常是一件很困难的事情。因此，为了有效地学习，我们需要研究通常感官是如何被先验信念所影响的，然后暂时"破解"这些影响。

我们可以通过图 4-1 体会先验知识的作用。如果你从没见过这些图，可能很难辨认画的是什么；而一旦知道了它们是什么，也很难再用之前的眼光（无非一些没什么意义的黑白色彩）来看待它们了。如果你现在无法看懂，请翻到本章末尾，然后再看一遍这些图像，并注意体会你对它们的看法发生了什么变化。

多年来，认知科学家一直坚信可以将感知过程进行分层。第一层是对视觉场景或声音的低层次分析。例如，亮度的急剧变化通常表示物体边缘。察觉边缘、颜色、角落和其他特征被认为是视觉感知中最基本的一步。人们认为，以此类推，其他感知也是从识别这些细节开始的。

图 4-1 先验知识的作用

现在我们知道，人类的感知要复杂得多。我们如何理解自己看到、听到的东西，实际上依赖于我们的先验知识，即我们期待自己看到或听到什么。感知是由信念塑造的，我们可能因此受骗（如图 4-2 所示）。博·洛托（Beau Lotto）的一次有趣的 TED 演讲中就提到了许多生动的例子[①]。

———————————————

① https://youtu.be/mf5otGNbkuc.——作者原注

图 4-2 "康士维错觉"示例。灰色瓷砖朝上的那面似乎比白色瓷砖的阴影面更暗，但事实上它们的灰度相同。原图下的两个长方形就是分别从这两个区域截取的。用手或笔遮住瓷砖之间的白色和黑色阴影有助于我们接近真相。是我们对瓷砖颜色的信念影响了对灰度的低层次感知（Purves，Shimpi & Lotto，1999。图像复制已获许可）

从上面的瓷砖（左图）和下面的瓷砖（右图）分别截取的图像

在后面的章节中，当我们学习如何对他人施加影响时，请记得这里关于先验知识及其如何影响感知的讨论。它能帮你认识到让其他人学习新东西是多么困难，在这个基础上你可以开始影响他们。一边工作一边练习是至关重要的，后者是本书剩余内容的重要基础。

先验知识对感知的影响

我们不仅依靠先验知识分析图纸和照片，还会以同样的方式理解纸面上的语言和文字，这也会把我们引入歧途。例如，我曾听一位机械工程师讲过一个故事：一个由特殊材料制成的大而昂贵的反应容器是用第三角投影法在图纸上标注的。第三角投影法是一种绘图惯例，是用对象顶部（俯视图）和侧面（立面视图）的二维视图（投影）来描绘三维对象。虽然第三角视图在美洲很常见，但英国等更常用的是与之互为镜像的第一角视图。结果，制造反应容器的技术人员错误地使用了第一角投影法来解释图纸（尽管所有图纸上都带有第三角投影的标志）。他们造出了一个镜像的反应容器，当错误被发现时已经太晚了。

接下来的四章主题分别是倾听、阅文、看人、看物。请记住，所有感知技能都与先验知识密不可分，我们只有通过不断实践才能学会分辨现实。

图4-1注释：在左图中疑似两棵树的中间，是拿破仑·波拿巴（Napoleon Bonaparte）的剪影，他还戴着他那顶标志性的帽子，这个剪影大致上是来自弗朗索瓦·热拉尔（Francois Pascal Simon Gerard）所作的肖像画。右图中则有一只斑点狗，图的中心是它把鼻子放到地面上，它的左后侧朝向我们。

参考文献

《康士维效应的实证解释》[*Purves, D., Shimpi, A., & Lotto, R. B. (1999). An empirical explanation of the Cornsweet effect. The Journal of Neuroscience, 19(19), 8542-8551.doi:0270-6474/99/198542-10$05.00/0*]

第五章

倾听

倾听是最重要的沟通技巧，本章将简要介绍如何准确倾听。

工程师平均要花 20%~25% 的时间倾听，这远超他们其他任何一项活动。

准确倾听和记录笔记的能力并非与生俱来，而是要通过学习和实践获得，个中辛苦不亚于体能训练。而且，提高倾听技巧还是提高"情绪智力"（Emotional Intelligence，心理学家用以评估与他人合作能力的术语）的一种途径。

许多工程活动的结果完全取决于有没有准确倾听，下面是两个例子：

第一个是关于融资的。工程项目不能没有钱，而且通常要很多钱。大多数有钱的客户喜欢口头交流，他们一般不会通过文字或图纸表达需求。这是倾听对工程师来说是非常重要的技巧的首要原因：倾听才能彻底了解客户的需求，而客户通常只有在确信自己的需求被真正理解后才会提供资金。

第二个是关于合作的。工程师需要别人提供的大量帮助，否则不可能实现大的成就。所以，你要确保他们在听你说话，你也需要听他们说话，准确的沟通是避免那些恼人的工程问题的最佳办法之一。大多数工程事故的主要原因是沟通不畅。当瑞士越洋钻探公司（Transocean）的员工在位于墨西哥湾的"深水地平线"（Deepwater Horizon）钻井平台上为英国石油公司（BP）的马孔多油井（Macondo Well）钻孔时，曾试图将他们对作业状况的担忧汇报给上级，但后者并没有充分意识到风险——之后的火灾和爆炸吞噬了 11 名工作人员的生命。所以，能否正确地倾听和理解，与倾听本身同样重要[①]。

---

① 讽刺的是，英国石油公司给油井起的名字"马孔多"来自诺贝尔奖获得者加夫列尔·加西亚·马尔克斯（Gabriel Garcia Mendez）的小说。在书中马孔多是一个被永恒厄运诅咒的小镇。——作者原注

大多数人将"听"等同于"倾听"。然而，仅仅几分钟的观察就会告诉你，这两种技能是非常不同的。很多人都可以从提升倾听能力中获益，当然也包括你。

当我问学生们最想提高哪方面的沟通技巧时，他们通常会这么回答：

我希望有更多机会发表自己的观点。

我发现其他人并不想听我说话。

我希望他们能听得更仔细，当他们看起来误解了我说过的话或者完全没有抓住要点时，我会感到非常沮丧。

如果你有这种困惑，提高倾听能力可以实实在在地帮到你。

因为"其他人"可能并没有在很好地倾听，只是你没有注意到。另外，你可能也没有仔细倾听他们说话，否则你也许会意识到，他们比你想象的更了解你在表达的东西。毕竟，沟通是双向的，需要双方的努力和专注。

如果你有能力判断别人的倾听水平，并注意到他们什么时候走神了，你就可以为自己省去很多麻烦。一旦你知道没人在听你的讲话，就应该马上停止。不要浪费你的时间去讲，而是要想办法重新吸引他们的注意力，这样你传达的信息才能被有效理解。

练习：观察倾听的失误

寻找正在交流的人群：可以是一次项目会议，一场随意的谈话，或者只是一群人在组织社交活动。更妙的是，如果你有至少两个室友，那么只需要观察餐桌上的日常对话就可以了。

仔细观察和倾听。

看是否有人还没等别人说完就开始讲话。

当有人打断别人时（因为他在开口前需要几秒钟的时间转移注意力并组织语言），会错过对方在最后几秒内传达的信息。

现在，写出其他三个会导致失败的倾听的现象（如果你需要建议，请参阅线上附录中的倾听部分）：

1. _____

2. _____

3. _____

抓住所有机会进行不断练习。

良好倾听的主要技巧是从头至尾把注意力放在对方说的话上。这很难，有时还令人疲倦，直到你能通过练习达到自然而然的程度。

你是否和我一样注意力经常飘忽不定？有多少次你好像在倾听（例如在某次会议中），却猛然发现自己其实是在思考完全不相关的事情？

积极倾听和复述

积极倾听是交互式对话的一种特殊形式，是指倾听者以谨慎的态度，择机偶尔与发言者互动。这是一项可以轻松掌握的技能，并且可以增添倾听的乐趣。它在会议中也非常有用：积极倾听有助于其他人更好地理解发言者，并促进更多的互动。

有几本不错的书可以帮你学习积极倾听这一重要技能。我推荐罗伯特·博尔顿（Robert Bolton）的《人际交往技巧》一书；另一本适用于情绪激动场合的书是由派特森（Patterson）、格雷尼（Grenny）、麦克米兰（McMillan）和史威茨勒（Switzler）共同撰写的《关键对话》。

另一项需要学习的关键技能是复述。这同样需要练习，并且一开始可能会让你感到尴尬。然而，你可以借此向发言者传达一个强有力的信息——你确实很投入并真诚地欣赏他们所讲的内容。当发言者意识到你如此感兴趣时，他们可能会乐意告诉你更多。

在发言者说了一些必须被准确理解的话后，请他们听你复述一遍并反馈是否正确：

如果我没听错的话，您刚刚_____。您是这个意思吗？

或者，

您说_____，我这么理解对吗？

这些技巧对开会很有用，尤其当你是会议主席的时候。如果你不确定是否真的理解了发言者所说的话，那么很可能在场的其他人也有同样的困惑。通过要求发言者进一步说明，或者采用更好的方法——向他复述你的理解，会对其他参会者都产生帮助。

你可能会为需要花费额外的时间或者可能引起麻烦感到头疼，甚至害怕会惹恼发言者。然而实际上，这会让发言者更安心，因为你是真诚地想要了解他们分享的内容。

正确做笔记

倾听中至关重要的一点是能够捕捉谈话的重点，达到可以全面记录的程度。

比如记者常采用速记法。

我从学生时代就开始使用的一种方法来源于"思维导图"。当然，最开始记笔记时，我或多或少会按老师讲述的前后顺序记下关键短语，如图 5-1 所示。

Energy $\frac{1}{2}mv^2$ $\dot{x}^2$ and
Kinetic Energy
mgh mgx
Potential Energy
Kinetic Energy + Potential Energy change as
energy is lost due to friction and work input.
If we look at rate of energy change and relate
this to momentum rate of change we can ......

图 5-1 关键短语

试着抛弃这种方式，改用下面的方法：

聆听时，取一张纸，用几个单词或者短语记录发言者的主要思想。

写在纸上哪个地方并不重要，但通常从中心开始是个不错的选择。

　　记得在每个单词或短语附近留出空白。一边听发言者讲话，一边在空白处添加与之相关的关键词或短语，并用线条或箭头表示它们之间的关系。当你注意到某些发言者没提到的联系时，可以自行加上箭头或连接线，甚至可以在线条旁写一两条注释来标注你的内心想法。

　　初始的布局并不重要，可能最后你会发现整张纸上都是杂乱无章的文字和线条。

　　在对方结束讲话后，尽快补充笔记，理清尚在记忆中的观点和相互关系，突出标记重要的想法或评价。我还会写下自己的想法和观察结论，用方括号标注，以和我记录的发言者的讲话进行区分。

　　当你再看笔记时，从突出的标记开始，然后顺着箭头和线条回忆当时的讲话。你的记忆会将单词之间的空隙填满。经过一段时间的练习后，你会发现你能记住的内容比写在纸上的多得多，有时甚至可以重新组织起发言者的讲话，使条理更加清晰。

　　在下图 5-2 展示的笔记中，大约有 30 个单词以及一些线条和符号，就足以重现 350 个单词的文本。考虑到大多数发言者每分钟能说 100 个左右的单词，其实你只需要每分钟写大约 10 个单词就可以跟上他们的发言，还能在事后回忆起所有重要的事情。

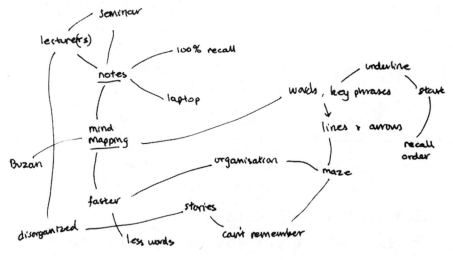

图 5-2　笔记展示

结合语境

学会倾听的第三点是培养对发言者选择的特定单词的敏感性。让我们从一个简单的例子开始，下面的话引自一位工程师：

他们干活儿相当差劲儿。花了好几个星期才找到他们掉进去的钻杆。

如果把开头的"他们"换成"我们"，意思表述会有什么不一样呢？

你可能会想，无论怎么表述，反正钻杆（可能是长达几千米的钢管，带有昂贵的金刚石钻头）已经被扔进了深井，如何描述它不会改变任何情况。但事实上，选择使用哪个单词可以传达发言者对事故责任的看法。

通过使用"他们"一词，工程师是在暗示他与事故的责任人没有关系。而用"我们"则意味着该工程师是事故责任人之一，需要承担部分责任。

类似这样的观察能让你察觉到某些重要的社会关系，了解这些可以帮你理解人们说出口的单词，或者那些选择不说出来的东西背后的含义，以及推测他们未来的表现。这种观察还有助于你提出相关的问题，再加上练习和谨慎的态度，就可以避免不必要的冒犯。

帮助别人倾听

你可以运用对倾听技巧的理解来帮助别人进行倾听，使他们更准确地接收你的信息。

例如，眼神接触会非常有帮助。如果我看着听众的眼睛，每隔一两秒从一个人换到另一个人，就可以更长时间地吸引他们的注意力；我能察觉到听众变得心不在焉，因为一些人可能移开目光而开始环顾左右了；在迹象开始显露后，如果不能采取措施，接下来就会响起此起彼伏的脚步声和翻书声，到那一刻，我知道我已经彻底失去了他们的注意力。

一些人会因为被人盯着而感到不舒服，尤其是周围人不多或是一对一的情况下，尽管他们还在仔细倾听，但会在你说话的时候移开视线；还有些人天生斜视，即使他感觉自己在直勾勾地看着你，但他们的眼睛看起来也像对着别处。

在讲座和演讲中，PPT很容易分散人们的注意力。大家一旦被屏幕吸引，就会很快从你的声音中游离出来。对很多人来说，一边阅读一边倾听是很难的。当屏幕上出现超过10个字时，人们会自然而然地选择阅读，降低用于倾听的精力，甚至停止倾听。大多数工程师也是如此。

有时候，仅仅一张图片加上很少的注释就可以展现整个故事。这时候，演讲者可以停止片刻，让听众将全部注意力集中到图片上。当你想重新吸引听众时，只需要按下"."键，将屏幕变成空白（再按一次可恢复）即可；或者在PPT中插入黑色幻灯片，这对听众来说是一个明确的信号，告诉他们应该将注意力从图片转回演讲者身上了。

倾听是一种不完美的、互动的、诠释性的表演

不要把倾听当成从听见声音开始到理解对方意图为止的单向过程。相反，有效的倾听还需要先验知识，举例来说，如果你不事先了解对方所说的语言，肯定无法理解对方在说什么。但是，先验知识也可能干扰倾听，所以我们要与发言者互动，通过提问消除明显的歧义或误解，一方面可以抵消先验知识潜在的干扰，另一方面还可以评估我们的倾听效果。总的来说，倾听实际上是一种互动过程，而非单向输入。

在某些文化中，提问可能被视为冒犯，尤其是在发言者社会地位较高的时候。在这种情况下，可以向其他人寻求与发言者深入交谈的方法，最好是私下里进行。因为毕竟有的时候，我们只能通过讨论消除歧义。

在现实世界，完美的倾听几乎是不可能存在的。即使达到了最高程度的互动，双方关系极其密切，对话很深入，想法被明确表达，误解仍然会存在，这是因为我们总会使用先验知识理解对方。因此，倾听实际上是在重新诠释——听众重构了发言者阐述的观点，而且肯定不会与发言者的原始观点一模一样。

作为工程师需要面对的挑战是，如何确保倾听者在重新诠释后仍然能使用或重现你的技术想法，即使一定程度的误解必然存在。

我们会在接下来的几章中学到阅读和观察同样是不完美的、互动的、诠释性的表演。

更多倾听和记录练习

在每次会议，甚至每次闲谈时，征得做笔记的许可。用 10~15 分钟记录，然后将刚才听到的内容以要点的形式重构。之后，邀请发言者检查这些要点是否有错处、误解或大的遗漏。

从线上附录下载倾听技巧对照表，并在社交场合或会议中，拿着它观察其他人各式各样的倾听行为。一定要小心行事，或者事先征得他人的同意，否则很多人会因为自己被当成近距离的观察对象而感到被冒犯。

澳大利亚广播公司（Australian Broadcasting Corporation，ABC）国家广播电台网站有很多可用于练习倾听和记录的宝贵资源。你可以找到很多节目的播客和完整的节目文稿。

①每天找一个感兴趣的录好的节目（有文字版本的）来听，边听边做笔记。整个过程在 7~10 分钟。注意以正常速度播放，中间不要暂停。

②做完笔记后，基于你的记录尽力重构刚才听到的内容——整合成一些要点就足够了。

③对于你听的这部分内容，用电脑打开 ABC 网站上的文稿，或者打印出来。

④在文稿中标出能被你总结的要点准确覆盖的原文。

⑤留下你漏掉的所有重要单词和观点，或者文稿与记录不符的地方。例如，你写的是 "specification"（或简写为 spec'n)，但原文中是 "requirements"，即使这两个单词有时候是近义词，也不能标出。

⑥以你标出的语句在文本中所占的百分比作为得分。

我的许多学生一开始得分都在 5%~10%。然而，经过几次练习后，他们的得分可以提高到 50% 以上。有些开始就能达到 50% 左右的可以提高到 80%，甚至 90%。由于在评分标准的控制上有个人主观性，因此与他人比较成绩没有意义。但是，任何人都可以使用这种方法来审视自己的进步。

现在，既然你已经开启了提升倾听能力的旅程（它通常贯穿一个人的一生），现在是时候开始了解阅读了。工程师们花在阅读上的时间几乎和倾听一样多，而且像倾听一样，准确阅读也是相当难以掌握的一项技能。

参考文献和扩展阅读

《人际交往技巧》[Bolton, R. (1986). People Skills. New York: Touchstone Books ）

《关键对话（第二版）》(Patterson, K., Grenny, J., McMillan, R., & Switzler, A. (2012). Crucial Conversations (2nd ed.). New York: McGraw-Hill]

《培养专业工程师》第六章 [Trevelyan, J. P. (2014). The Making of an Expert Engineer. London: CRC Press/Balkema - Taylor & Francis, Chapter 6]

第六章

阅文

综合阅读（Comprehensive Reading）指的是能够把握图片和文字细节，并且读出不同的含义和解释。

只有少数人喜欢额外的阅读，能从文本中获取信息的你可能会被当成有价值的信息源。因此，明智的做法是培养综合阅读能力，这样才不会被别人引入歧途。

从本质上讲，阅读与其他的主要感知方式——观察及倾听——没什么不同。综合阅读不仅需要我们感受纸上的词语，也需要我们在开始阅读的时候拥有先验信念。感知依赖先验信念，但同时它们也会欺骗我们。

综合阅读时需要你仔细看每一个单词——我们经常在默读时跳过某些单词；有时还会在无意识的情况下漏掉完整的几句或几段话。

确保不遗漏每个单词的最佳方法之一是练习对着房间的墙壁大声朗读，并想象面前有一个饶有兴趣的听众。这也是很好的写作训练方法，每天大声朗读 15~30 分钟，有助于在你的头脑中建立关于遣词造句的隐性知识，最终使你下笔更流畅。

你可以大声朗读本书。不过，要想提高文采，阅读名家作品会更好一些。

和倾听类似，在阅读的时候，试着留意你的注意力。一旦你开始走神了，你会发现虽然你还在看书，但却无法回忆起最后几段或几句的内容，这时候停止阅读，休息一下。无论是在精神上还是在身体上的疲倦，都会严重损害阅读的准确性。

如果想评估阅读准确性，一个方法是尝试本章中的练习。

你可以找到海量的教你快速阅读（速读）的资料，但这种技巧依赖西方传统的写作方式：每段的第一句即表明该段的中心思想。因此，你可以很快地从一段跳到下一段，而不需要读每段的剩余部分，因为你知道它们只是第一句的详细阐述罢了。速读是构建一本书的内容和主要思想的脉络或框架的好办法，之后你可以直接跳到对你最有用的部分仔细阅读。

如果不积极地加强记忆，你读到的东西不久就会在记忆中消散。以下是几种可行的方法：

做读书笔记。这些天来，我会随时在 iPad 上用 iAnnotate 做笔记，Kindle 也有一些类似的功能。我通过高亮或下划线的方式在文档中标记。iAnnotate 可以提取被标记的内容，并附上它们在原 PDF 文档中的页码数，然后形成一个新的文件。在阅读技术论文时，我还会记录页面上的具体位置，例如 35a.4 表示第 35 页左侧栏（a）从上往下到页面 40% 的地方。

另一种强化和延伸阅读的办法是想象有一个人坐在你身侧，向他解释你刚刚读到的文本的含义，让他也能理解这部分内容。你可能也有一些疑问，试着问这个想象中的人："这块儿我不太明白，他说……对此你怎么看？"你甚至可以想象对方会怎么回复你，比如："你何不上网查一查，看看维基百科（Wikipedia）是怎么说的？"你有没有回忆起与文中描述的情况相似的场景？向你想象中的同伴讲述实际发生的事情，并解释阅读是如何帮你从不同角度看待此事的。

增强记忆的另一种方法是如果有不能完全理解的地方，写下相关的问题，询问周围的人来探究这些观点。

按照下面的方法在练习之前评估你的阅读能力：

在读完某一章后，随机选择一段。重读该段的第一句话，并借助笔记和回忆尽可能准确地概括该段剩余内容。然后，与实际内容进行比较。

我同样建议你的主管或导师阅读本书，这样他们能帮你更好地学习他们的工程经验。不可避免地，他们在读书时会产生和你不一样的理解。通过与他们讨论每章内容，你也可以学习从不同的角度阅读同一段文字的方式。

练习：在阅读中学习

综合阅读类似于积极倾听，是一种双向对话。但是，因为原作者不在身旁，你必须依靠自己或另找他人协助自己理解内容。下面是一个练习，演示了开展这种对话的方法，有助于你在阅读中学习。

找一篇技术报告或其他已经发表的文章，阅读其中的5~20页。

写下对所阅读内容的简单描述，包括主要思想（如果有简介或摘要，不要只把里面的总结再复述一遍）。

对文章中作者拿来支持其观点的论据进行可靠性评估，并记录下来。有时候，这些论据你甚至找不到。尝试分辨哪些是系统性收集的证据，哪些就像自家"食谱"一样是建立在个人偏好之上的。

记录所有你认为需要进一步阅读的参考文献和扩展资料。通常我们倾向于将没有论据的观点定性为"主观"和不可靠的。然而，我们也经常发现，它们可能会给那些更具系统性的研究补充新的视角。因此，一个全方位的读者可以通过学习各种各样的资料，重新构建没有被作者明确指出的观点。

接下来，回忆驱使你阅读的最初目标，分析你写下的东西是如何帮助解答与目标相关的问题和困惑的。直接引用文本中的句子甚至完整的段落会大有帮助，但你必须逐个说明它们是如何对你的目标和兴趣产生意义的。

为所有评论标注相关原文的位置。

最后，写下本次阅读后产生的印象和总结的要点，以及在你的头脑中仍然存在的问题。后者可以引起你与自己的对话以及进一步阅读。

我若有幸和读此书的你对话，咱俩都会大有进益。但我不能触及广大读者是件憾事，因此我建议你在阅读本书时，每读完一节就写一篇读后感。下面的练习会给你一些启示。

最终，你可以通过下列一到多条标准检验对本书的阅读效果：

第一条，对于你每天都沉浸其中的工程世界增加了洞察力；

第二条，个人能力得到显著提高并为你带来了回报——工作满意度提升和（更好的情况是）获得涨薪；

第三条，不断有证据显示本书中的一些观点需要被修改或重申，因此我希望你可以将你的观点和证据告诉我，以供后续修订参考。

练习：书面要求

虽然许多客户不喜欢以书面形式提出要求，但也有一些工程师会得到详细的书面需求说明；此外，执行工程工作一般必须遵守合同条件、标准建议或规范中的明确要求。工程师需要仔细阅读这些文件，确保有足够的时间完成要求并予以证明。在这种情况下，综合阅读能力非常关键。

下面的练习将帮助你提高阅读能力。

如果你没有尝试过此类练习，可能会惊讶地发现人们在阅读复杂文档时漏读的内容是如此之多。因此，一些工程公司会将此过程规范化，通常是找两个或以上的人阅读某份需求声明并交换意见，以减少错过重要事项的概率。

找两个或更多的人阅读相同文本并做笔记。在阅读时，读者必须记下每一个被要求采取行动或回应的需求条款，并为每个需求条款的优先级进行打分，标准如下：

4 = 关键：不可以遗漏；

3 = 重要：遵守将提升价值；

2 = 必要但不重要：遵守将提供较小的附加价值；

1 = 可选：遵守不会影响结果的价值。

当两人都完成笔记并列出打分清单后，将它们合成一份清单，然后按如下公式计算：

N = 两人一共找出的条款数量

Ma, Mb = a 或 b 列出的条款数量与 N 的比值

标出两位读者给出一样分数的条款。

计算每人的解释分数 Pa 和 Pb：将某人与其他人打分一致的条款分数相加，除以他所有打分之和，就是解释分数。

下面是一个小的案例，表格中罗列了一系列条款所获分数。阴影部分显

示两人打分一致。

条　款	A 评定的优先级	B 评定的优先级
1	4	4
2	1	2
3		
4	2	2
5		
6	3	
7	3	3
8	4	
9	3	4

N = 8（条款总数，每条条款至少有一人认为有回应的必要）

Ma = 7/8 = 0.88（A 认为有必要回应的条款所占比例）

Mb = 6/8 = 0.75（B 认为有必要回应的条款所占比例）

Pa = (4+2+3)/(4+1+2+3+3+4+3) = 0.45（A 与大家一致的比例）

Pb = (4+2+3) / (4+2+2+3+3+4) = 0.5（B 与大家一致的比例）

M 和 P 值越接近 1，表示阅读结果与他人越一致。当然，即使达到完美的数字 1，也可能是两个人同时忽略了一些重要信息。此时可以总结一下关键条款并请经验更丰富的人检查是否有重要事项被遗漏。

我们永远无法让每个人以相同的方式理解同一个词语，词语只是让我们产生联想的符号或声音。我们都接受过不同的教育，拥有不同的生活经历和不同的记忆，因此任何人对某个词语的联想都不会与其他人一模一样。这就是为什么人们对相同的文本总是有不同的解释，这来源于人类本身的特征。因此，安排两个或更多人阅读同一组需求条款更有可能发现不同的含义和解释。解释差异必须经客户确认，或至少在做计划时考虑到，才能充分满足需求。

这看起来困难吗？

与其他专业知识一样，培养综合阅读能力离不开努力练习。这需要时间和坚持，如果你的朋友和同事能够在这场旅途中为你提供帮助，那么它会变得更加有趣。

　　阅文已然不易，阅人则是难上加难。在转到"看"之前，我们最后再简单地了解一下"读"的另一个方面。

第七章

阅人

为什么我们如此重视倾听？

工程活动是一种展现影响力的游戏。作为工程师，我们不建造任何事物，除了在键盘上打字或操作手机外很少动手工作。相反，我们常常借助别人的手和钱来做事。一位经验丰富的维修工程师对此解释道："再多的工程计算、制图或书写都不能改变任何事物，直到一个装配工开始拿起他的工具。"即使你完全靠自己发明、设计、制作并发布了一个小用品或应用软件，你的成功实际上也取决于能否影响大众购买它，以及能否带给使用者满足感。

要想影响他人的行为，我们必须了解人类的行为动机。

情绪对行为的影响最大。这就是为什么"阅"人，即学会观察人们的情绪是十分重要的。

心理学家用"情绪智力"（Emotional Intelligence）一词来形容人的特质和能力，许多公司也会在招聘过程中采用心理测试对应聘者进行评价。

可惜很多工程师在情绪处理方面存在问题。在我们多年的受教育过程中，情绪是极少被提及的。我们知道，情绪在理性讨论中没有立足之地，逻辑应该克服"纯粹的人类情绪"。你可能听到有人说："把你的情绪留在门口——不要带到工作中。"结果导致许多工程师难以读懂别人的情绪，甚至更难读懂自己的情绪。

虽然大多数情绪是无形的，也很少是理性的，但我们应该尝试理解它们。我的一个研究生曾这样表述："人的行为并不遵守牛顿定律。朝一个方向推他会让他朝完全相反的方向移动。"

仔细观察是读懂情绪的唯一方法，最简单的方法是和人面对面谈话。如果你已经积攒了一些经验，尤其是你已经认识对方，那么打电话也可以，当然视频通话会更好。不管怎么说，面对面是最好的沟通方式，这也是为什么高效的工程师总是花那么多时间与他人面谈的原因，迄今为止我们认为这样做产生的影响是最有效的。

大多数情况下，我们可以通过非语言线索，即肢体语言来解读情绪。大多数人都能感受到下图中的女孩表达的反抗情绪。通过搜索"肢体语言"，可以轻松登录很多提供图片和视频的网站，这些资源大多反映的是美国文化特有的肢体语言，其他文化也有类似的"肢体语言"，但存在巨大差异（如图7-1所示）。

图 7-1　肢体语言示例

因此，在这一章，我将解释在一些常见的工程场景中情绪是如何影响社会行为的。最好的例子就是"领地"。

土地，或者说领地，对我们所有人来说都很重要。那些进入"我们的"空间，"我们的"领地，特别是"我们的"家园的人会被贴上"入侵者"标签。在极端情况下，当不受欢迎的人进入我们的领地时，我们就称之为"入侵"。

设想格雷厄姆（Graham）是一个电气工程师，负责设计一个项目所有的电缆排布和连接。他可以合理地预想到，任何会影响电缆、连接、为其分配的空间以及连接设备的变更都会咨询到他的头上。

如果有人调整了电缆排布，但事先没有征求格雷厄姆的意见，他可能会有强烈的反应。但人们常常以为这样一个小小的改变，一个可能使接入或安装电缆更容易的改变，将会受到欢迎，并且无须咨询。毕竟，这种改变只会起到帮助作用，并且工程项目中经常会发生这样的改变。

格雷厄姆可能不会立即发作。但是，我们有把握说这种对"他的领地"的入侵行为会使他产生某种情绪反应。他可能不会明显地表露出来，甚至可能会暂时忘记这件事。然而，这种不满如果常常发生，当与其他也许完全不相关的事物或者许多细小的不满结合后，长期潜伏的情绪会突然爆发。这时候他的反应甚至很难与最初的领地被入侵联系起来，他在以完全合乎逻辑的论点反对另一个在别人看来无足轻重的问题。格雷厄姆的不满可能已经驱使他通过搜集大量的、详细的证据强化了某个观点，而没有人能理解他背后的情感创伤。

性别问题也会干扰情绪认知。人们普遍认为，女性更善于处理人际关系，她们比男性更情绪化，或者她们能更好地处理情绪。有一些人甚至认为研究情绪不是男性的专长，讨论情绪问题应该是女性的特质。试着在前面的段落中用一个女人的名字代替格雷厄姆，你的理解有什么不一样了吗？

另一个关于"领地"的例子来自对复印机维修工的研究观察。当某些复印机是由特定的技术人员定期维修时，它们会被视为这些技术人员的责任，

图 7-2　一名工程师在检查游乐园设施，以确保关键的安全连锁装置能够正常运行。她身后的游乐园经理正焦急地注视着她，因为如果她不能证明装置的安全性，他的公司可能会因为昂贵的维修费用而关门。她需要意识到他可能给自己带来的情绪压力，以确保在报告中提供客观的安全评估——她的判断能决定别人的生命

作为"他们的机器"，成为"领地"的一部分。这些机器比其他机器可靠得多，那些由当天随机分配的技术人员维护的机器往往更频繁地出现故障。解释之一是，知道自己还会再来的技术人员更能注意到显示未来故障的微小迹象，可能是进纸器下面有一些纸屑，或者润滑剂泄漏留下了污渍。他们可以轻松地进行预防性维护，从而避免以后艰巨的维修任务。这时候，个人责任感更容易带动工艺自豪感，随之提高工作质量以及机器可靠性。

将特定的技术领域，甚至非技术领域视为"领地"的工程师可能会更加谨慎，并对项目中所负责的部分承担起更大的责任。

敏感对话要避免使用电子邮件或短信

职场新手通常认为电子邮件和短信既快捷又简便，还能让人免于应对坏消息带来的愤怒反应。但是，电子邮件和短信并不利于解决冲突，通常还会让情况更糟糕。

专业工程师应该知道，当出现冲突或人们开始情绪激动时，任何信息都可能被曲解并激化矛盾。任何形式的情绪爆发，无论是积极的（如喜爱、快乐、兴奋）还是消极的（如愤怒、沮丧、恐惧），都可能促使人以强化情绪感知的方式解读信息。此外，许多人在感到愤怒或沮丧时会想要在组织内广泛传播他们的感受，部分原因是想以此博得他人的同情与支持，所以他们或许还会将回复邮件抄送给许多人。

但是，如果是面对面的话，通过阅读肢体语言，我们可以根据对方的情绪反应暂停甚至推迟谈话。甚至还可以停下来让对方表达他们的感受，然后决定是否需要先解决情绪问题。

这是打电话也难以做到的。即使是视频通话，也只能看到对方的面部表情，而无法察觉到那些显露情绪状态的手部动作。

如果使用短信交流，如果无法做到即时反馈，假如对方情绪高亢的话，那么就可以用一种强化感受的方式解读信息，这就是为什么当人们仅仅通过书面形式交流时争议会迅速升级的原因（如图 7-2 所示）。

我们都会面临必须向某人传达坏消息的情况。这可能非常困难，所以准备好寻求他人的帮助与支持。最重要的是，要顾及信息接收者的状态，并确保他们在收到信息时有足够的心理支持。

扩展阅读

《能力——情绪智力的行为方式》[*Boyatzis, R. E. (2009). Competencies as a behavioral approach to emotional intelligence. Journal of Management Development, 28(9), 749–770. doi:10.1108/02621710910987647*]

第八章

观察和创造

在工程领域中，观察能力是至关重要的，尤其对学习而言。

当然，你有时也会见到有视力障碍的工程师，不过这是因为他们能依靠别人去观察。这一章将帮助你评估自己的观察能力。如果想有所提高，除本书外，你还可以利用网上的一套分级练习，该练习可以在几个星期内独立完成。

如需更多资料可登录 https://www.routledge.com/9780367651817。

评估视觉感知能力最好的办法就是徒手画图（可能还要加上注释）。因为只有当我们在观察后进行描述时，才能确认自己真正注意到了哪些东西。与之类似的是对某人说过的话进行转述，这可以帮助我们确认自己听到了哪些内容并理解说话者的意图（如图8-1所示）。

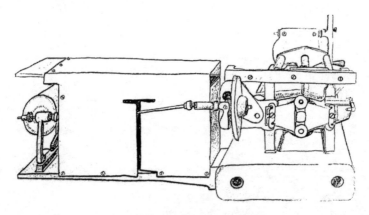

图 8-1 学生手画的拉力试验机草图

作为工程师，我们大多数人都在某种程度上把自己看作是富有创造力的设计者，或者至少是有创造力的人，能够创新并设计出满足客户需求的原创性工程解决方案。

创造力是一种在需要的时候使人产生原创性创新想法的能力。好主意从不凭空出现，创造力来源于头脑记忆所积累的大量想法和观察。人们通常不会注意这个内部知识库里的隐性知识。你不能把它们写下来，因为你经常不记得拥有过它们。然而当你需要的时候，这些记忆就会浮现……当然，也不总是发生在你想要它们出现的时候。

设计专业尤其依赖于记忆丰富的设计理念。每当你看到一个人工工程制品，无论是路下涵洞、桥梁、机器、光波导器件、特殊连接器（这样的人工制品你可能观察到成百上千件），你都可以潜在地将其储存在头脑中，但你必须学会观察细节，这依靠于人准确的观察能力。积累这些记忆最好的方法是：把握每一个机会，并在工作日记中绘制它们的草图。

除了有严重视力障碍的工程师，比起其他感官，大多数人通过眼睛学习到的更多，但将眼睛看到和准确观察到混为一谈是错误的（记住，仅仅因为你能听到声音并不意味着你真的听到了什么）。我们很快就会看到，当眼睛和大脑一起工作时，它们很容易合起伙来欺骗你。

为什么画草图这么难？

你会写你的名字吗？你能在一张纸上画出比较直的线吗？你会画正方形或圆形吗？这些简单的事情大多数人都能完成得相当好。但是，画一个坐在你旁边的人，甚至只是画你的一只手似乎就成了不可能完成的挑战。

后者明显变难，其原因很简单：你可以写你的名字或画出正方形，是因为此时你的大脑足以控制铅笔在纸上的移动。但似乎怎么也画不出坐在身旁的人，唯一的原因是你的大脑对如何画一个人有了先入为主的想法，并以此替代了你用眼睛感知到的图像。你的预先设想取代了实际看到的东西。因此，准确的观察需要我们掌握必要的精神自律来抑制大脑的自动反应。学会观察意味着要学会阻止大脑接管思想，成功抛开先入之见，让铅笔真实写照眼睛所见，就像复印机一样。

"观察"是一个积极的、可以通过实践和训练来提高的过程。这是一种精神状态，需要使用者做到自律并摒除其他干扰和先入为主的想法。这时候，草图的质量实际上反映了我们的观察能力。

学习准确绘画就像学习一项运动：你需要建立隐性知识库，这些知识能够连接你的眼睛和手指，让你准确地复制眼睛看到的东西。

练习和实践同样重要。记住，练习可能会非常累，所以你需要分阶段增强耐力，可以从每天训练不超过 30 分钟开始。

练习：评估你的观察能力

你在尝试这些练习时可能会感到惊讶。因为如果你学过技术制图或 CAD 软件——如 AutoCAD、Pro-Engineer 或 SolidWorks，你可能会认为这些练习很容易。我的学生中就有许多人掌握了出色的技术制图技能，但他们真正做起来后还是对其困难程度感到惊讶。

对于这项评估练习，你需要：

● 几张 A3 纸和一个纸板底座（42 × 30 厘米）。
● 一只自动铅笔（0.5 毫米，2B）或木制 2B 铅笔。
● 橡皮。

如果你有平板电脑或触摸屏，并带有素描应用程序或基础版的 Photoshop，可以不用纸和铅笔来做练习。

尽量减少干扰。你需要一个安静的房间，有良好的漫射光照，最好避免直射的阳光和锐利的阴影。你同样需要一把舒适的椅子。古典音乐可能会帮你集中注意力——我通常推荐莫扎特和巴赫的作品。

开始前，先花几分钟放松一下，放下这一天累积的紧张和杂乱的思绪。

你要画四张图，每张用时不超过 30 分钟，确保每张图都写上名字首字母和日期。

第 1 张图：

- 并排画一个正方形、一个圆形、一个矩形。

第 2 张图：

- 画一个坐在你面前的人的整体或头部。如果你在上课，可以画你的同学。如果你独自一人，那么可以利用镜子画一幅自画像。如果无法接触到其他人，也可以根据一个人的照片来画肖像。记得画完后写上日期和你的名字首字母。

第 3 张图：

- 画你的手。

    将你的左手（左撇子就用右手）放在一张 A3 纸的一侧，在另一侧作画。

    如果感觉可能会中途被打扰，可以轻轻地沿着指尖标记一下，这样如果中断了你还可以将手重新放回原来的位置。

第 4 张图：

- 将一个闪亮的金属勺子放在一本书上，然后把它们画出来。

画完后，短暂休息一下。一定要确保每张图上都有你的名字首字母和日期。

现在，可以评价结果了。与肖像和手相比，你可能会对正方形、矩形和圆形满意得多。

你能写出你的名字吗？如果答案是肯定的，说明你对手中铅笔的控制能力不是问题。而你的其他作品变得糟糕的唯一原因在于你的眼睛和大脑——这对组合，并不想让你以正确的方式在纸上移动笔尖。

你所画的肖像，其形状、阴影和真人比相似度如何？你能认出这张素描是你的手吗？你能看到勺子中闪亮的金属部分的反光吗？你能看到这本书的纹理吗？

素描上显示的不足表明你的观察能力有待提高。观察愈准确，绘画就愈准确。

几乎可以肯定的是，就像提高听力技巧一样，你的观察能力也是可以改进的，而最好的方法之一就是学习徒手素描。有一些书，如贝蒂·爱德华兹（Betty Edwards）的《用右脑绘画》就提供了大量的建议，还包括丰富有趣的练习，其中许多可以在工作时进行。

扩展阅读

《画出你心中的艺术家》[*Edwards, B. (2012a). Drawing on the Artist Within. New York: Touchstone*]

《用右脑绘画（第四版）》[*Edwards, B. (2012b). Drawing on the Right Side of the Brain (4th ed.). New York, Tarcher*]

《工程师的 TRIZ 方法论：创造性解决问题》[*Gadd, K., & Goddard C. (2019). TRIZ for Engineers: Enabling Inventive Problem Solving. Hoboken: Wiley*]

《培养专业工程师》第六章 [*Trevelyan, J. P. (2014). The Making of an Expert Engineer. London: CRC Press/Balkema - Taylor & Francis, Chapter 6*]

第二部分

职场学习

本书的第一部分是进入工程行业的准备工作，不光适合求职者阅读，即使对于已经开始工作的人，在阅读第二部分前也需要好好阅读前面几章。从现在开始，你将学到如何一边工作，一边学习工程实践知识。

读者可以从三个方面学习。

首先，本书指出了工程实践的各个重要方面，你可以学到描述它们的专业词汇——工程实践词汇。例如，第十章介绍了工程师运用的不同类型的知识，第十一章解释了你在工作中遇到的人都有哪些知识。

其次，每一章都解释了一些重要概念，可以帮助你理解工作场所人们的行为模式。它们统称为表现（Performances）——作为工作的一部分，工程师们表现出的行为和社交举动，尤其是需要与人合作的时候。

具体到你本人应有的表现，可以参考线上附录中"专业工程能力框架"里的清单。

一些表现相对来说比较复杂，涉及与他人的多阶段互动。因此，我们需要从更高层面理解，比如第十二章"技术协调"（一种非正式的领导力）和第十四章"项目管理"。

最后，通过工作日志记录日常工作。同时，坚持每周阅读本书，最好一次性阅读完整的一章，并和主管讨论你的表现。当然，能与你的导师碰面也有好处。

如果你能在每周结束的时候写一篇简短的反思笔记，描述你是如何利用本书的观点观察职场的，也能进一步提高你的学习效率。

第九章

开始阶段 ①

> 在大航海时代，年轻船员的首要任务是学习辨认数百种不同绳索，这些绳索用于升降和控制船帆，甚至掌舵。因此，术语"学习绳索"用于描述最初几天或几周的海上生活。当然，这段时间还有很多其他的东西需要学习。

你已经获得了一份工程行业的工作，终于，到了上班的日子。在过去几天里，你练习了如何更好地倾听和记笔记。现在，带上笔记本，你要开始写工作日志了。

从接听录用电话时的紧张和兴奋，到开始恐惧失败，你也许经历了情绪上的大起大落。你忍不住会想："我会不会在工作中出丑呢？"

几乎可以肯定，工作的第一周将完全打破你的预期。

如果你的第一份工作是在一家大公司，那么第一周（或更长）可能包括正式的就职仪式、高级经理欢迎会、填写无休止的表格、注册电子邮件和信息系统，以及阅读和理解详细的工作场所政策文件及安全工作规定。你可能马上被要求参加一系列培训课程，关于公司流程、安全健康、项目管理、文件控制系统，等等。这些课程很少和技术相关，这会让许多刚毕业的工程师感到沮丧。

去一家小公司，你的经历会更加难测。你可能第一天就要为某个项目团队工作；可能有一位主管会带你参观公司和认识同事，为你准备一张办公桌以

---

① 原文为"Learning the ropes"，字面意思是"学习绳索"。——译者注

及一摞需要阅读的简报文件；同样的，你也可能有一位忘记时间的主管，他曾承诺带你参观公司却整周都忙于开会；你可能被要求分析数据、诊断性能，哪怕你几乎对整个过程都一无所知；你甚至可能发现他们居然期待你去指导有数十年经验的技术人员乃至工程师。

作为新手，你将开启"陡峭的学习曲线"。最初几个月预计花在学习上的时间比工作上的要多得多。然而，从哪里入手可能是个难题。

这时，可以参考"专业工程能力框架"，它可以在你的职业生涯的前几年指导你"学习绳索"。

"专业工程能力框架"列出了主管们希望在新人执业前三年看到的工程表现，它以澳大利亚的工程师准则为框架，该准则与所有《华盛顿协议》成员国准则兼容并被认可。它能证明你已经达到专业标准，能帮你在任何国家申请注册工程师资格[①]。

它也已针对工程师应该具备哪些能力进行了系统研究，而本书正是基于上述研究撰写的。如果证明能满足这些标准，那么表示你已经可以在没人监督的情况下作为一名独立的工程师开始工程实践。

在下面的章节中，要注意理解工程实践的原则。这些章节提供了工程实践方面的详细指导。例如，作为一名工程师，你需要了解什么；如何获得同事和其他人自愿和真诚的合作；以及如何安全地工作（如表 9-1 所示）。

"专业工程能力框架"一共有 16 节，每节展示一种能力，每节的开头是定义和简要阐述。

---

① 《华盛顿协议》（Washington Accord）是 1989 年由美国、英国、加拿大、爱尔兰、澳大利亚、新西兰六个国家的民间工程专业团体共同发起和签署的，主要针对国际上工程学历资格互认。——译者注

表 9-1 专业工程能力框架节选

1. 个人承诺：道德问题	
你能预判采取某项行动或置之不理的后果，并了解你的组织、项目或团队将如何共同应对后果；这意味着你有能力辨别道德问题并采取适当行动。	
第一年	**备注日期和位置**
a. 描述经验更丰富的人是如何轻而易举地分辨道德问题，以及不诚实的现象或利益冲突问题的。	
b. 描述信息传播的限制并解释限制的原因。	
c. 阐述没有获得信息的后果或猜想可能的后果。	
d. 在主管的帮助下，识别利益相关者及各方利益，解释工程行为会如何影响这些利益。把那些通常无法出席讨论的人，包括未来几代人，也作为利益相关者纳入其中。（第五章列举了利益相关者的例子）	
此外，第二～第三年……	
（aa）描述职场的道德标准，解释为什么正直和诚实对个体和组织都很重要。	
（bb）描述必须与他人共享信息的情况，并解释如何通过共享信息促进利益相关者的利益	

这份清单是主管期待你来公司第一年学到的东西。最下面是你在第一年就会接触到，但一般到第二或第三年才能做到的事情（顺序仅供参考）。

你可以通过练习（上表中未展示）提升自我。与你的主管或者导师讨论，他们可能会给你更多有用的建议。下面列出了翔实的学习资源。

在右侧空白栏记录你在哪天达到了某条专业标准，这需由你的主管给出判断，除日期外，也记录下相关证据或（笔记）的存放位置。

开始工作后，你会遇到对你而言最重要的人——你的直接主管，他将成为你的向导。大多数主管都希望你能走向独立，到那时他们只需提供最低程度的支持。所以，你要仔细听他们讲话，记笔记，尽可能快速地汲取知识。你必须有他们的联系方式，起码包括电子邮件和手机号码。

你还应该寻找一到多位导师，最好是在公司之外。那些自己家庭成员中有工程师的人是幸运的；否则你可以联系当地专业的工程协会办公室询问，或去参加一些会议并在那里找到愿意解答问题的工程师。导师可以提供不同的视角，能帮助你在更广阔的领域开拓你的职业生涯，而不只是在你所在的公司里打转。

当然，还有一种情况，你的直接主管并不是工程师，这时候寻找工程师导师就更重要了。这往往需要一些时间，与此同时，你也要继续搭建职业关系网。

"专业工程能力框架"从第 2 节开始描述了合格的实践表现，包括与主管的合作指南：

> （2a）能与客户、主管讨论和共同理解需求，记录笔记，提出澄清性问题，根据工程的可能性来予以解释并进行确认、总结，与客户、主管面对面审查总结并确认。

> （2b）能撰写出清晰简明的协议、总结，以及关于工作要求和完成标准的规范，并随时跟踪工作要求和完成标准的演变造成的变化。

你将从事何种技术工作必然取决于你的专业和所在公司的业务范围，但你可能有机会选择是在办公室工作，还是去现场（或工厂）积累实践经验。一定要争取后者，尽管现场工作可能要求很高，环境也并不舒适。

在很多情况下，你早期的工作会包含大量测量和评估任务，你应该达到的标准是：

> （16a）能分析与产品、流程和系统性能相关的数据，并将预测表现和实际结果进行比较。了解能否使用测量或者模拟数据取决于现场情况和要求。

同样，在现场工作的你也会经常帮助建筑或制造人员工作。你需要工作相关的产品、项目、流程和系统信息，这些都被归类为本地语言（Local Knowledge）。以下是需要你掌握的相关能力：

> （13a）操作信息系统，访问定义产品、流程和系统的数据、规范、项目计划、CAD 文档、代码库和软件，包括与之关联的工具、设施及其他所有相关软件、文档和数据。通过访问配置文件和系统，了解产品、流程、系统和它们的变体的历史及当前状态。

> （13b）操作信息系统，了解通信信息（电子邮件、消息记录）、储存和归档的文件、人力资源管理、工资单、采购授权和费用报销。

随着人们不断修正和改进，工程信息几乎总是在随着时间变化的。因此，同样重要的一点是，知道在哪里可以找到配置信息，告诉你产品和流程信息在每次修订时的变化情况。例如，你需要了解某个流程在过去某个时间的详细信息，因为它与现在相比可能大不相同（如图 9-1 所示）。

图 9-1　三种基本的信息工具：用于访问信息资源的笔记本电脑、工作日志或笔记本，以及为了标记和讨论而存在的打印机——有些人更喜欢电子标记，但是打印稿通常更适合拿着一起讨论

如果你的主管已经为你的到来做好了计划，那么你收到的文件会包含开始工作所需的各种信息。但是，你很快会发现仅有这些文件是不够的，你需要更多的信息，有些信息甚至在公司文件中都无法找到。

你应该在学校就学会自己搜索信息了，希望除了常规的互联网搜索工具外，你还有更可靠的信息源。但我想，大部分还是得通过访问你的大学付费订阅的数据库，例如，像 ASME、ASCE、ASHRAE、INSPEC、Engineering Village、Knovel、Xplore digital libraries 这样的期刊和索引源，以及工程标准合集，这些在你从学校毕业后可能就无法访问了。而对于诸如 Engineering Toolbox 和 Wikipedia 这样的公共资源，在使用时应该保持谨慎——始终要寻找权威的消息以验证其可靠性。

即便是在组织有序的公司，访问全部所需数据可能也很复杂，这本身就是一个复杂的过程。你可能需要在公司的笔记本电脑或移动设备上使用某种特殊软件工具。几乎可以肯定的是，你所在的公司的信息技术（IT）人员需要设置信息系统以允许你获取相关信息。在有些公司，某些最新的消息可能还在图纸和纸质报告里呈现，因此你需要知道去哪里寻找以及向谁申请许可。你可能需要获得一定级别的安全许可才能访问最敏感的信息。

在大多数公司，电子邮件、通话记录、会议记录等都是人们工作需要并经常回头翻看的重要记录。你需要了解如何存储和保护这些记录。

很多小公司在这方面没有正式的系统或流程。当公司的笔记本电脑丢失、被盗或随着主人换工作被"退休"时，你可能惊讶于如此多的信息因此丢失了。

其他信息系统对于确保你拿到薪水也很重要，例如完成工时单（记录不同活动花费的时间）、确认银行信息是否正确，以及了解当前的休假权利、工作条件、可以申请的工作相关的支出。你的主管应该了解所有系统并帮你熟悉它们。

从新手到专业工程师的第一步是，意识到最快获取可靠信息的方法是咨询经验丰富的人。他们能带你略过所有无关的或不可信的资料，帮你节省大量时间。你的主管可能就掌握了某些信息，但即使如此，他更有可能会向你推荐公司里比他更合适向你介绍这些内容的人。

因此，你需要建立有用的专业社交网络。

（13c）系统收集为人熟知的当地业务、材料、标准、供应商和服务商信息，建立个人数据库。
（13d）与其他专业的工程师，以及服务商、供应商、承包商和专家建立联系，以学习当地的工程知识。你表现出的对商业及其他利益的熟悉度能影响他们告诉你哪些信息。

在手机、工作日记，甚至是电子表格中创建自己的职业联系人列表，包括：

职务、名、姓、喜欢的称呼、手机号码（包括国家码，以＋开头）、电子邮件地址、Skype 账号、个人或公司网站（如果有）。

记得评价每个人擅长的领域和专业技能。

记录日期和你们之间的互动，比如"200901：他向我展示了如何访问澳大利亚标准集（Australian Standards Collection）"（我建议日期采用 yy–mm–dd 的形式，这样你之后可以通过日期顺序给电子表格排序）。

培养习惯并将所认识的每个人都记录到这个联络人数据库中。这将是你在职业生涯中创造的最有价值的信息。

最初，大多数联络是发生在同一家公司的。当你还是新人时，大多数你遇到的人都会尽可能地帮助你。他们会回忆起自己刚开始工作的时候，还有人会想告诉你他们希望自己当初就知道的所有事情。

与这些人保持联络。即使你实际上不需要帮助，也要经常和他们见面，哪怕只是简短的寒暄。

但这并不意味着你们会成为朋友。职场友谊跟私人友谊总归是不同的，虽然它们之间有着相似之处。它们都需要维护，而最简单的办法就是共度时光——讨论与工作无关的事情，比如运动、家庭、假期、电影等，甚至是坦诚坦陈。这样做之后，你会越来越强烈地意识到，自己还有很多要学习的东西。

起初你或许会有点尴尬：你可能担心他们或他们的同事及老板会认为你在浪费时间；或者仅仅拥有联系方式并不意味着他们会在你需要帮助的时候与你合作。

但是，关系会带来信任，而信任能让未来的合作更加容易。当你需要帮助时，你熟悉的人是更有可能回电话，或者回复有帮助性的、包含有价值信息的电子邮件。

不过，你还需要将关系网延伸至公司外。

举例来说，你能从专业的工程产品和软件供应商那里获取大量技术知识，他们甚至还会提供应用说明和设计指南。销售工程师乐意向你介绍他们的产品和服务，会基于以下几个动机：

- 他们的工作成果取决于产品的销售情况，而你是不可能想要使用一款对此一无所知的产品的。

- 对于大多数产品，用户必须学习正确的使用方法，这样产品才能发挥预期的效果并提供可靠的服务。
- 他们知道，一旦你在学习过程中有很好的体验，并看到了产品的出色表现，你也会向其他人推荐。

在最短时间内丰富你的技术知识库的方法之一，是参加由工程产品供应商和服务商举办的专业培训课程。你不仅会获得有价值的实用性知识，还会遇到其他新手或经验丰富的工程师，这同样有助于扩展你的关系网。从长远来看，你在这些课堂上建立的人际关系往往比授课内容本身更有价值，因为后者通常会在几年内被不断发展的新技术取代。

一些线上课程同样有用，但你会错过面对面的线下课程带来的社交机会。

在接下来的两章，你会进一步了解到工程师不可或缺的不同类型的知识。

第十章

工程知识

工程实践的关键是要理解技术知识的本质。把工程师与其他人区别开来，以及把不同工程专业区别开来的主要因素就是专业知识（大部分是技术性的）。例如一般电子工程师和土木工程师掌握的技术知识会大相径庭。

获取专业知识并非易事，其中大部分人无法在学校期间习得。它们大多无形地储存在工程师的头脑中，甚至常常被它们的主人忽视。因为相当一部分专业知识是在工作中不知不觉学到的，因此很容易被当作是理所当然的想法。

那么，这些专业知识、技术、能力或技能，这些看不见的工程"货币"，到底是什么？

知识和信息

哲学家们对何为知识的争论已经持续了数千年——有些人把知识看作理性思考的产物，能够以书面形式阐述的真理，而独立于任何具体的人。

工程师头脑中的知识总是让人们感到好奇。我认可的观念是：一方面，知识是一种"经过验证的真实信念"。因为是"经过验证的"，所以个体对信念的真实性或有效性负有个人责任[1]。也正因如此，这种信念应该从某种程度上是基于此人（或受该人信任的其他人）的真实经历。

另一方面，信息即数据，是人、机器、系统互相发送的消息内容。它以多种形式存在，如文档、电子邮件、短信、CAD 模型、图纸、照片、视频和

---

① 该论点摘自野中郁次郎（Nonaka）于 1994 年发表的一篇颇具影响的论文的第 15 页。——作者原注

音频等。

我们会随着时间推移，通过感知在记忆中形成知识。正如前面的章节提到过的，感知依赖于先验知识。之所以将一个人的知识转移给其他人可能会很困难，是因为这需要后者在自己的头脑中形成知识，因为先验知识的不同，所以结果对每个人都是不同的。世界上从来不存在人与人之间知识的精准复制，一切学习都是在解释。

不像存储在计算机系统中的信息可以很容易地复制并传送到其他计算机，让别人在自己脑中形成知识的确是个难题。

知识类型

思考不同类型的知识有助于理解人们形成知识的不同方式。

1. 显性、编码、命题性知识

你在工程院校学到的大部分知识都属于显性知识（Explicit Knowledge）或命题性知识（Propositional knowledge），更广泛的定义是"编码知识（Codified Knowledge）"。命题是可做真假验证的简洁声明，如：

《地质聚合物应用领域指南》共有 242 页。

杨式模量 E 是材料在弹性状态下的应力与应变的比。

显性知识相对容易传播，我们可以用受过一定教育的人能理解的语言写下来，他们根据自己的先验知识所给予的阐释很可能与原本意图非常接近。显性知识可以用符号（如单词）来传达，当被作为信息时，能够在不丢失任何意思的情况下以书面形式传递。然而，当有人听到或读到该信息，然后解释单词或符号时，由于个体先验知识的差异，某些知识会不可避免地被遗漏或发生变化。实际上，所有人类的语言在被使用时，都是某个人对文字的理解与另一个人对文字的理解之间的转化。

显性知识可以通过他人获得。由于它常常流向错误和误解，所以并非易事，你在大学的经历想必已经证明了这一点。

但是，相比显性知识，其他知识的转移会更加困难。

2. 程序性知识（Procedural Knowledge）

你应该能在学习中体会到，汲取显性知识是一回事，有效使用则是另一回事。我们可以把后者称为程序性知识，即一种有效利用显性知识的知识，比如一组指示。要想获得程序性知识，你得练习这些指示，直到你不用再参考它们。

比如，你从数理统计的教材中学习有关分析实验数据的显性知识。只要你理解了这些知识，你就有可能通过考试。

但是，你需要解决许多实际问题才能掌握程序性知识，达到足以应用统计技术来分析数据，得到可靠的统计结论的水平。

3. 内隐知识（Implicit Knowledge）

内隐知识指的是尚未显性化（如写在纸上），但可以根据需要进行外化的知识。比如明确最近的厕所位置。它可能被标记在了某处建筑的平面图上，但通常我们会请别人指路。大多数人都能在去过一次后记住，而不需要特意记下来。

你必须理解，与显性知识不同，内隐知识通常只能请其他人帮助或亲身经历才能获得。

4. 隐性知识（Tacit Knowledge）①

"隐性知识"是由迈克尔·波兰尼（Michael Polanyi）提出的概念，他曾写道："我们所知道的要比我们所能言传得更多。"我们可以想一下骑自行车或给鞋带打结需要什么知识。这些知识是我们从实践得来的——常常是笨拙的

---

① 又称"默会知识""意会知识"或"缄默知识"。——译者注

实践——直到有一天我们能够上手，从那时起它就变得非常自然起来。你能设想只用文字来描述如何骑自行车吗？

隐性知识有很多种。骑自行车是一种"心理 – 运动（Psycho-motor）"，或者说"感知 – 运动（Sensory-motor）"知识，这种知识能使我们根据感知情况快速反应，并做出相应的动作。学会走路而不摔跤是另一个说明感知—运动知识的好例子。

隐性知识已经深深地融入了我们的大脑和身体中，以至于我们甚至会忽视它的存在，只是在需要时不自觉地使用而已。它只能通过实践和经验来学习，而且通常需要别人的帮助。此外，对学习者而言，口述的隐性知识几乎没有任何意义。

隐性知识的另一个方面可以被概括为"社会知识（Social Knowledge）"，即在特定环境中，参考地方文化表现自己以及与他人互动的知识（如图 10-1 所示）。同一个人在不同的场合，比如在家里或公司，和朋友、陌生人或官方人士（如警察）等互动的方式也是不同的。这包括谈话和倾听方式、衣着、肢体语言等。

图 10-1　工程实践中有许多不成文的隐性知识和内隐知识。看这个建筑工地，你觉得有多少图片中的信息会显示在图纸中？答案是：不多，因为图纸所画的是完成建筑的细节，所有建造步骤都不予显示，就像乐高说明书一样。那么，建筑人员怎么知道将起重机放在哪里以及如何建造脚手架呢？毕竟在建筑图纸上是找不到的

在工程中，隐性知识包括：

能够从外观、声音、气味、材料触感、振动、污渍和污垢堆积形式识别物体、材料、缺陷和故障征兆；

能够通过示波器、热像仪和高速摄像机等仪器识别某些现象，例如影响电子电路信号的电磁干扰；

能够看懂图纸（如电路图、仪表图）并基于二维图纸或图像想象出三维物体。此外，明白图纸中哪些东西未显示，如集成电路逻辑图上通常不显示但隐含电源连接。

能够欣赏内在美，或创造出对特定的观众或用户来说具有视觉吸引力和美感的物品[1]。你的美学知识可能是建立在其他感觉之上的——例如，声音这一音乐制作领域最重要的美感[2]。

能够做出不仅有视觉吸引力，而且选用尺度合适、能充分利用材料的设计[3]。

隐性知识，

你不知道你需要它。

你不知道你知道它。

你不知道如何学习它。

你不知道去哪里寻找它。

你没有注意到它，即使你正看着它。

你没有注意到你其实已经掌握了它。

---

[1] Ewenstein 和 Whyte 在研究建筑设计时讨论了这一点（2007），Ferguson 也在讨论机械设计时着重提及了类似的欣赏（1992）。——作者原注

[2] Susan Horning 在讨论声音工程师的工作时对此有过描述（2004）。——作者原注

[3] 模数概念（在特定设计中应用早期设计作品中的尺度）自 19 世纪早期以来被广泛使用，并且可以追溯到几千年前（Guzzomi，Maraldi 和 Molari，2021）。——作者原注

在数学领域，隐性往往多于显性。虽然工程师很少能用到大学课堂里所传授的方法，但我们讨论技术问题时却常用到数学概念。例如，我们自然而然地知道在曲线或曲面最高点有一条水平切线，这个概念来自微积分；在比较简化模型时，我们也能根据数学直觉做出决策，以快速估计设计参数[1]。这全来自当年在工程院校的反复练习。当时我们可能觉得这些练习毫无实践价值，许多工程师也认为他们从未使用过自己的数学知识，这是因为他们没有意识到隐性知识的存在。

5. 具身知识（Embodied Knowledge）

还有另一种知识蕴藏在构成这个世界的物体中。举例来说，超市布局实际上是几十年来为了方便购物者，同时为卖家创造营销机会而开发相关知识的成果。货架排列、价签、产品包装和标签、货架上的产品分类、"谷物"或"茶、咖啡"区指示牌、收银机和收银台的排布……这些都是所谓具身知识的呈现[2]，是体现在我们的世界中的知识。以道路为例，看看道路设计中所有的细节：标线、反光镜、减速带、路缘、排水设施、标志和交通灯，它们都具体体现了帮助人们有效安全利用道路和实现安全运输的知识。

具身知识独立于个人而具象于物体之中，有时可以通过附说明的人工制品或图像来传播。

如果一个人想通过把玩一件手工制品而获取蕴藏其中的全部具身知识，不见得会是一件易事。许多具身知识可能只对有相关背景的人才是显而易见的。例如，没有驾照或驾驶经验贫乏的人常会忽略道路中蕴藏的许多具身知识，而只有经验丰富的道路设计工程师才能意识到道路布局的细微之处，以及基础、排水沟等隐蔽工程的特征。

6. 情境知识（Contextual Knowledge）

有些知识是依附于特定情境（可能是特定的组织甚至是具体的工作场所）

---

[1] Gainsburg (2006) and Goold (2014)。——作者原注
[2] Latour (2005，pp. 204–209)。——作者原注

的。比如，大多数人都能认出开关，即使他从没见过长成特殊形状的开关，但他未必知道如何控制开关，这是一种情境知识：如果它在一个美国家庭的墙上，可移动部位处于最上方，那么应该表示"开启"状态；而在许多其他国家，这表示"关闭"状态。情境知识就是与特定环境相关的知识。

知识转移

表 10-1 总结了工程师所需的不同类型的知识。它们并不都是互斥的，比如知识可以既是显性的也是情境的。重点是你要认识到如何获取不同类型的知识。

表 10-1　知识类型

知识类型	外部表征	如何获取
显性	逻辑命题、书面知识	阅读或倾听，记忆，写作，练习
内隐		借助相关先验知识和技能，在他人帮助下积累经验，认真思考
程序性①	书面或口头指示	遵循指示，练习
隐性：社会、空间、图像和视觉语言感知运动识别		借助相关先验知识和技能，模仿，练习
具身	人工制品	借助相关先验知识进行理解，分析人工制品或其详细说明
情境		借助相关先验知识进行理解，形成自身经历，与有经验的人交谈

获取新知识——学习

在学习（在我们的头脑中构建新知识）的过程中，我们感知信息并借助

---

① 人们很容易将"程序性知识"与书面程序（即排序列表或书面行动说明）混淆。后者仅仅是一种信息的存储和传输方法，而前者意味着你明白该如何做某事。

先验知识予以解释，这一过程已经得到了哲学家、教育心理学家和科学家的广泛研究。

在人类所依赖的各种先验知识中，语言的重要程度可排在前面。接下来的章节也会讲到，在分析人类交流时仅仅将语言看作一组具有一致含义的方便使用的符号，就有点过于肤浅了。不过，只要我们意识到我们还在不断发掘它的新的含义，那么暂作此解也无伤大雅。我们不能一厢情愿地认为倾听者对一个单词或符号的理解与发言者相同，而当我们用已知去解释新的信息时，同时也要意识到我们的先验知识库也在进化。

我们每天都在接收并解释信息，作为结果，我们头脑中的知识会不断发展。有许多知识是通过与他人，如父母、老师、朋友、同伴等的社交互动积累的。当我们讨论观点和价值观时，新的想法和观点会在互动中逐渐浮现，这在工程企业等组织中尤为重要。在这类组织中，人们开发和应用知识的质量是获得整体成功的关键因素。

下一章我们将探讨社会层面的工程知识。

参考文献和拓展阅读

《超越语言：组织中的审美知识与认识》[*Ewenstein, B., & Whyte, J. (2007). Beyond words: Aesthetic knowledge and knowing in organizations. Organization Studies, 28(5), 689–708. doi:10.1177/0170840607078080*]

《工程学与心灵之眼》[*Ferguson, E. S. (1992). Engineering and the Mind's Eye. Cambridge, MA: MIT Press*]

《结构工程师的数学模型》[*Gainsburg, J. (2006). The Mathematical modeling of structural engineers. Mathematical Thinking and Learning, 8(1), 3–36. doi:10.1207/s15327833mtl0801_2*]

《工程职业"知识概要"：工程知识应用的时态模式》[*Gainsburg, J., Rodriguez-Lluesma, C., & Bailey, D. E. (2010). A "knowledge profile" of an engineering occupation: Temporal patterns in the use of engineering knowledge. Engineering Studies, 2(3), 197–219. doi:10.1080/19378629.2010.519773*］

《工程实践中的数学：隐性胜过有形》，收录于《全球环境下的工程实践：理解技术和社会》［*Goold, E., & Devitt, F. (2013). Mathematics in engineering practice: Tacit trumps tangible. In B. Williams, J. D. Figueiredo, & J. P. Trevelyan (Eds.), Engineering Practice in a Global Context: Understanding the Technical and the Social (pp. 245–279). Leiden, Netherlands: CRC/ Balkema*］

《模数概念的回顾及其与当今机械工程设计的相关性》［*Guzzomi, A. L., Maraldi, M., & Molari, P. G. (2012). A historical review of the modulus concept and its relevance to mechanical engineering design today. Mechanism and Machine Theory, 50(1), 1–14. doi:10.1016/j.mechmachtheory.2011.11.016*］

《工程中的表现：录音工程师，隐性知识和声音控制艺术》［*Horning, S. S. (2004). Engineering the performance: Recording engineers, tacit knowledge and the art of controlling sound. Social Studies of Science, 34(5), 703–731. doi:10.1177/ 0306312704047536*］

《重组社会：行动者网络理论简介》（*Latour, B. (2005). Reassembling the Social: An Introduction to Actor Network Theory. Oxford: Oxford University Press*）

《组织知识创造动态理论》（*Nonaka, I. (1994). A dynamic theory of organizational knowledge creation. Organization Science, 5(1), 14–37. doi:10.1287/orsc.5.1.14*］

《隐性维度》［*Polanyi, M. (Ed.) (1966). The Tacit Dimension. Garden City: Doubleday*］

《培养专业工程师》第五章［*Trevelyan, J. P. (2014). The Making of an Expert Engineer. London: CRC Press/Balkema - Taylor & Francis, Chapter 5*］

第十一章

知识同时是社交网络

好吧，这里的很多问题似乎最终都会落到人的方面。在你需要的时候找到对应的人，知道哪些人知道哪些事……[①]

许多新手工程师认为他们必须掌握技术"事宜"，否则有可能失去同行和老板的尊重。而寻求帮助意味着放弃，是作弊行为，是万不得已的方案。他们认为，对于不清楚的事情，应该上网、找文献、去图书馆甚至维基百科中查找（如果侥幸找得到的话）。让他们承认自己不懂某事是非常困难的。

一位年轻的机械工程师发现他需要去学习：

实践操作知识，如阀门长什么样子，如何拆开水泵。还有适合做什么——和其他人一样，当我刚开始工作的时候，我觉得我不适合在任何地方工作。我没有不可被他人替代的工作。我需要做计划，但不知道铺好基础需要多久。我得向别人咨询，但首先得知道应该问谁。我对实际的技术"事宜"知之甚少。

优秀的工程师明白，知识分散在不同的人的头脑之中，他不必清楚一切。事实上，清楚一切也是不可能的，因此知道要问谁以及如何得到帮助至关重要。我们每个人都曾体会过全然无知和无助的感觉，承认无知是明智且需要勇气的行为。

---

① (Korte, Sheppard & Jordan, 2008)。——作者原注

工程师需要的大部分工作知识都在企业员工的头脑中。有很多非工程师（包括终端用户）掌握了重要的知识，有效获取这些知识是工程成功的关键。

在本章结束时，你将意识到还有很多东西需要学习。你将每天都能学到新的东西，达到终身学习的境界。工程知识的范围和细节是广大无边的，并且你永远无法知道在职业生涯的下一个转角需要什么。

知识地图

工程企业第一个要掌握的知识门类是认识可供使用的工具、系统、组件、材料：它们的名称、外观、用途、在特定环境中的功能，以及价值和成本属性。这一认识不包括具体的制造细节，因为是否了解制造过程并不妨碍你使用它。但是，懂一些设计和制造知识能帮助你理解其局限性并识别可能的故障或错误。比如，我们都知道钢螺钉比塑料螺钉坚固得多，但可能不知道由热处理合金钢制成的螺钉可能比未经任何特殊处理的低碳钢螺钉坚固得多，部分原因在于从外观和触感上来说它们相差无几。

第二个相关的知识门类是关于工程师如何获得工具、机器、组件或材料的：供应商名称，供应量，交付时间；哪一家在当地有库存；购买一定数量产品的费用；预订时限；是否负责送货；哪一家能提供有用的技术信息、应用知识、专家建议或培训；机器、工具、部件和材料如何在不影响使用性能的前提下安全运输和存储；组件、材料的存储方式及期限；重量；安全处理方法；电子元件是否需要避免静电荷的影响；在夏季温度极高时，用以改变混凝土性能的化学品能保持多久等。在第三章中，我们已经讲过了新手如何在求职的同时建立这样一个知识库。

第三个知识门类与工具、机器、组件和材料相关，即"详细技术信息"，通常以技术数据表和其他技术信息呈现，工程师用以判断能否满足功能需求。工程师还可以通过这一类知识预测使用了某组件或材料的人工制品或服务的性能、成本、可能的出厂时间；环境和安全方面的使用后果；操作人员需要哪些培训、防护设备以及必要的安全防御措施。除了单一条目的知识外，工程师还需要了解组合效应，比如工具 X 能否适用于处理材料 Y。

设想流体 F 流过 P 材料制成的管道，管道内衬材料是 R 和 S，控制阀门所用材料是 V 和 W，会发生什么反应？人们曾不得不将位于澳大利亚某大型机场的一个新的燃料分配系统拆除并重建，因为他们发现在一些管道中使用的防腐涂层可能会污染飞机燃料。因为在寒冷的天气里，燃料管道和油箱中滞留的冷空气凝结成水，水吸收了燃料中的添加剂和污染物成分而具有强腐蚀性；另外，细菌在燃料和水的分界处繁殖，产生了强腐蚀性排泄物。因此，当我们学习组件和材料时，必须掌握它们组合使用的知识。

通过以上事例，我们可以理解第四个关于组件和材料的知识：故障模式。预判故障和识别故障是工程师必须掌握的关键知识。工程师必须在建造或交付产品或服务前预测其性能，为此他们需要确保相关的工具、机器、材料和组件在合理范围内被充分使用。工程师还需要预判事故和突发事件的后果，甚至是其他部分出现故障的后果——某种材料的强度是否足以承受制造、组装乃至最终运输过程中施加的外力。此外，当工具、机器、部件或材料发生意料之外的故障时，工程师也要利用故障模式的知识诊断原因，并提出预防后续故障的措施。

图 11-1 中展示了以上四个知识门类。图中带箭头的线条表示可能的关联关系。例如，物流及采购知识需要工具、机器、组件以及材料本身的基础知识，还有所有与属性、特征和模型相关的详细知识。属性、特征和模型知识对于理解和预测故障模式至关重要。图中的一沓纸寓意书面知识，剩下的知识是在工程师和熟练的技术人员头脑中构建的，以个人笔记和工作日志为辅助。

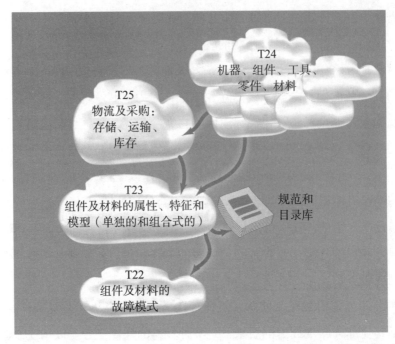

图 11-1 工程企业的工具、机器、组件和材料知识地图（箭头表示知识领域之间的关联关系）

我使用云朵来表示知识门类。云朵的第一个含义是，云散漫漂浮，没有清楚的外缘或边界，正如知识门类的边界也是模糊而不明晰的。第二个含义是，我们很难捕捉一朵云，同样，认识或全面概括某一特定领域的知识也相当困难。第三个含义是，我们有可能在毫无意识的状态下，在夜晚穿过某团云层；同样，一个感知力匮乏的人可能被一群知识极渊博的人包围却懵然无知。例如，在澳洲原住民中，许多年长者的词汇量高达 30 万字，超过了英语教授平均水平的 10 倍。然而，在欧洲人踏足澳洲的前 200 年里，他们却认为原住民是无知、未开化的原始人。云朵的第四个含义是，当你处于云朵外面的时候，你是无从得知它有多深或者多厚的；同样，如果你还什么都没有学到，你是无法意识到有多少东西是需要学习的。第五个含义是，即使你已经小有所获，好比一只脚已经踏进了云里，你还是看不到有多少知识正等待着你，就像你看不到还有多远才能穿过云朵一样。

最后，一旦完全进入云朵，你又会发现外面的世界变得难以看清了。与之类似的是，一旦你完全沉浸于某一专业知识领域，会更加难以理解周围世界发生的事情。你看世界的眼光被正在统治你思想的知识框架束缚了。

大多数工程企业都是在利用各种各样的组件和材料提供一系列产品和服务。想象云朵的分层图：每一层都映射了一种产品、流程或服务的知识。

到目前为止，我们的地图只包含了工程知识的四个方面，以下还有更多方面可以展示（如图 11-2 所示）。

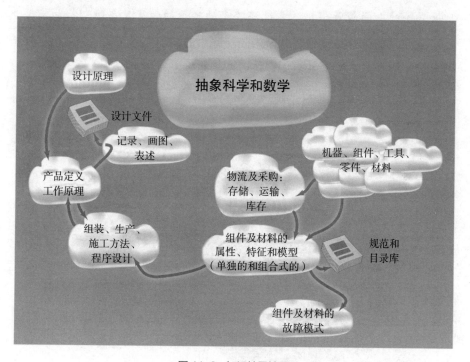

图 11-2 知识地图扩展

- 抽象知识，以科学和数学为基础，来自正式教育；
- 产品定义，包括工作原理及个中组件对性能的影响；
- 物体、有机体、结构、物理系统的抽象模型，用以预测性能；
- 文档，用于展示物体、有机体、结构、物理系统的内部结构和操作方式
- 制造和组装方式；
- 以生产为导向的设计，在既定环境下，通过设计实现经济节约的制造和组装
- 组件和材料知识；

- 组件和材料的特征知识，包括单独的和组合式的。

已在现有设计中体现的知识也很重要。以下是一个喷气发动机某些具身知识的细节（如图 11-3 所示）：

- 涡轮叶片护罩，气体泄漏，叶片振动，叶片冷却，涡轮进口温度与压力；
- 涡轮叶尖间隙最小化，靠近涡轮盘的轴承的位置（与限制挠曲有关），使用涡轮进口喷嘴叶片作为涡轮壳体内的轴承支撑结构；
- 调整密封和间隙，以调节发动机内部部件（如轴承和涡轮盘）冷却气流的压力和流量，发动机轴向载荷以及冷却气流压力对轴承中润滑剂流量的影响。

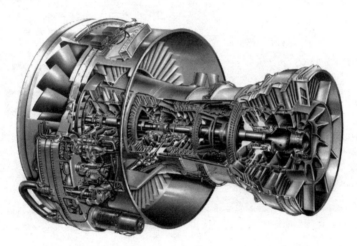

图 11-3　现代喷气客机常用的高涵道比发动机。涡轮位于发动机后部，图片右侧（劳斯莱斯）

发动机设计师的能力主要受他掌握的技术知识的制约。年轻的设计师必须经过多年工作来积累这些知识，别无他法。他们不但要详细学习各方面的技术知识，而且要考虑到它们之间的相互作用，否则一项设计不可能诞生（如图 11-4 所示）。

设计工作一般是有截止期限的，但让各个专业的工程师共享知识却并非易事。

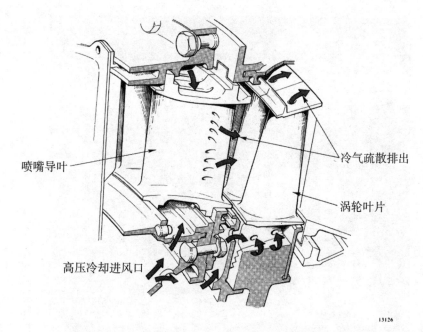

图 11-4　冷却气流通过喷嘴导叶和涡轮叶片。如今的涡轮叶片有更多的气孔和冷空气通道，并能在气体温度远高于材料熔点时工作（劳斯莱斯）

分布式知识

37 类专业工程知识和 27 类通用组织知识如图 11-5 和 11-6 所示。

请注意，图中并没有明确区分知识的贡献者是工程师还是其他人，如承包商、会计师、客户、终端用户和政府监管机构。作为一名工程师，了解工程企业所需的所有不同类型的知识会很有帮助，为了获取知识，很大程度上你要依赖其他人。

这两张图可能看起来比较复杂。但记住，工程企业提供的每一种产品、服务和信息包都可以有这样一张图。虽然有一些共享的普遍知识，但各种产品和服务背后的知识还是非常不同的。我们可以把图中的内容分层，部分合并，部分分离，细化到每一种产品和服务；如果考虑到在不同的地点乃至不同的国家生产，那么还需要进一步细化。这体现了一种复杂性，也解释了为什么一个单独的个体很难成为全知，即使仅仅面对某一种产品或服务也很难。

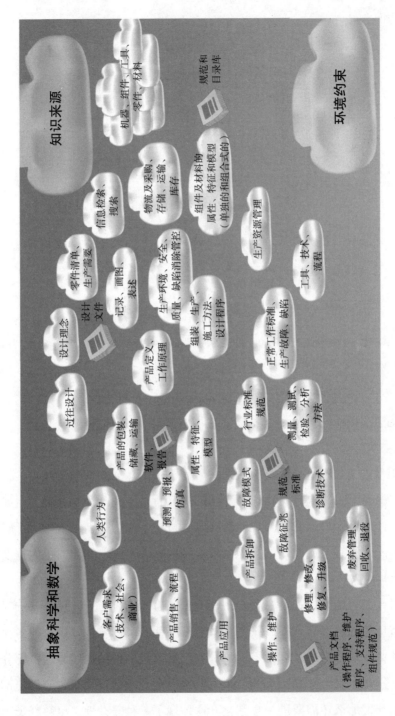

图 11-5　工程企业中的技术知识分类

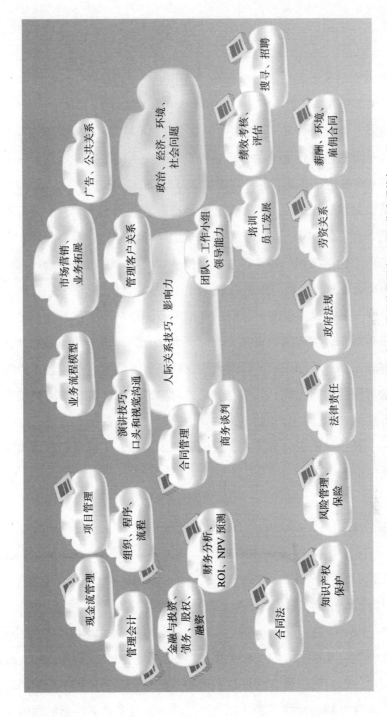

图11-6　工程企业中的组织知识分类（ROI 指投资回报率、NPV 指净现值）

现在你也许能明白，为什么一个工程师终其一生也不可能知道所有"事宜"了吧。

工程师用到的大多数技术知识都是通过非正规教育、在工作中学到的非书面知识。关于书面知识，在图中我们用一沓纸单独表示。

不论是哪一类技术知识，差不多每一家企业总会在某一时候需要它。

那些几乎无法落到纸面上的知识是极难从一个人的头脑复制到另一个人头脑中的，有时我们称其为"黏性知识（Sticky Knowledge）"。

快速获取黏性知识的唯一途径是让已经拥有它的人去分享，由他们展现精湛的技艺和渊博的知识。例如，很多关于生产环境管控、安全管理、质量保证和缺陷最小化的知识是由生产主管掌握的。所以，当工程师选择生产方式和设计生产设备时，应当与知识更丰富的生产主管合作。

该假设——知识以片段的形式分散地被工程企业的员工占有——最强有力的证据来自对年轻工程师的观察，他们将大部分时间用于和同事的社交互动，大多与技术和专业知识相关。令人惊讶的是，人们发现对年轻工程师而言社交互动占用的时间比例，几乎与更早地对熟练工程师进行的研究结论完全相同。有证据表明，社会互动——主要是通过与知识的拥有者进行技术相关的合作——是一种知识分享方式，这也解释了为什么工程师会花那么多时间与他人进行技术合作。

分布式认知

到现在我们已经了解了，作为一名优秀的工程师，他们都知道与其手忙脚乱地学习新的专业技术知识，不如直接去找一个专家。

我将进一步阐释这一点。分布式认知指的是新的观点和知识诞生于专业、知识、技能各异且互补的人们的社交互动。他们会一同产生新的认知，这是除了共同探讨外没有第二种方法可以实现的。正是在这个过程中，词语的含义在人们尚未察觉的时候不断变化，这是因为参与者会诞生新的理解，并且通过倾听，以前从未想到过的词语之间的联系也在同时跃入了他们的脑海。

虽然许多工程师将社交互动看作非技术性工作，但它实际上包含了很多高技术含量的讨论，大部分发生在工作时间以外的比较轻松的社交环境中，技术含量高的对话还经常夹杂着玩笑话、对下一场体育比赛的预测和"闲聊"。

图 11-7 展示了部分技术知识地图（由图 11-5 改编得来）。一名女性工科毕业生刚刚加入公司。她擅长抽象科学和数学（如左上角所示），可以使用数学模型和计算机软件，但无法独自完成，她还需要别人帮她对模型定义参数做出符合实际的估算。

图 11-7　中间的女性是一名具备抽象科学、数学和建模知识的毕业生，她加入了某企业的工程师行列，她的同事们拥有不同门类的技术知识。他们通过合作可以综合所有需要的知识

还有一些工程师精通这名工程师工作涉及的其他技术知识门类，我们的年轻毕业生将投入大量时间与他们一起工作，为作为她工作核心的数学模型进行精准估算。她很快会发现，她需要知道的所有事情在组织里都有人知道，她只需要找到那个人。

所以，工程知识就是社交网络。

参考文献和拓展阅读

《工科应届生早期工作经验的定性研究》[*Korte, R., Sheppard, S. D., & Jordan, W. (2008, June 22–26). A Qualitative Study of the Early Work Experiences of Recent Graduates in Engineering. Paper presented at the American Society for Engineering Education, Pittsburgh*]

《培养专业工程师》第五章 [*Trevelyan, J. P. (2014). The Making of an Expert Engineer. London: CRC Press/Balkema - Taylor & Francis, Chapter 5*]

第十二章

着手去做

我在前三章介绍了从他人身上获取工程知识和资源的观点，这依赖于工程师的社交网络。在本章，我将讲解工程师如何根据需要着手去做。

我们在第十章学到了不同类别的知识，以及为什么获取知识通常是迟缓和充满误解的。因此，更快和更简单的方法是安排拥有专业知识、技能和资源的人们一起工作。不过，不要觉得说服他们很容易。

请别人为你做事时发电子邮件或短信是最低效的方法，很有可能你什么也做不成，或者效果还不如不做。

大多数工程企业员工都或多或少地在并行处理多项工作，作为一个每天早上收件箱里只躺着两三封邮件的新手，你需要明白，你要找的人可能正面临五六十个问题，以及数百封乃至数千封未读电子邮件。你那封询问信息或请求帮助的邮件甚至不会出现在哪怕是他们优先级列表的最底端，可能在几小时后它就被挤出了屏幕，加入其他几千封被遗忘的未读邮件中。

另一种方法是请你的主管去找他的主管，直到找到能向对方下命令的主管。也就是说，在既定的组织结构内行使管理权以实现指挥和控制。

现在，再次思考这个问题。

第一，虽然是重要的消息，但也很有可能被对方忽略，或者无法得到从上至下各级主管的理解。第二，我几乎可以肯定，不管有什么反馈，你都需要等很长时间。所以最终很有可能是不合适的人被安排来做这项工作，然后你会发现你得从头重复一遍之前的流程。不过，在绝大多数情况下，你可以靠自己用更少的时间说服需要与你合作的人。

这时候你会问，作为一个没有经验的后辈，我怎么可能直接走到别人面前要他们为我做事呢？尤其是他们懂的内容远比我多，我甚至都不知道要怎么张口。

本章将回答这些问题，你需要学习一种特别的非正式领导能力——技术协调（Technical Coordination，参见"专业工程能力框架"第2节和第13节）：

技术协调，即安排别人帮你做事，几乎是所有工程师从踏入工作岗位的第一天起就开始操心的事情，虽然有的人从未对此思考过。这是工程师获取所需技术信息的主要途径。在大多数情况下，当项目面临截止日期时，找到具有相关知识、技能、经验和资源的熟手来帮忙通常会更简单且节约时间。他们说不定还拥有技术信息、特殊工具设备之类的资源，或者通过他们的社交网络可以找到之前你不认识的帮手。

看起来几乎所有工程师都会从事技术协调工作，而且这占据了他们大约30%的工作时间。技术协调在某些方面与项目管理类似，但它们至少在原则上是截然不同的。项目管理是一项正式程序，它依赖文件及制度化的人际关系，这一点我们将另起一章探讨；技术协调则是非正式程序，主要依赖无文档社交互动和非正式信息传递。

我把获得他人【亦可称"同伴（Peer）"】自发的、真诚的合作的过程分为如下四个步骤。它不依赖于组织权威和管理等级。事实上，去权威化往往能带来真诚的合作，因为这时人们是出于对彼此的尊重而共同工作的。

养成卓有成效的技术协调能力可能是工程师打造满意的职业生涯唯一且最有效的方法，其中的重要因素是情绪智力。而雇主们对"完成"能力都非常看重（如图12-1所示）。

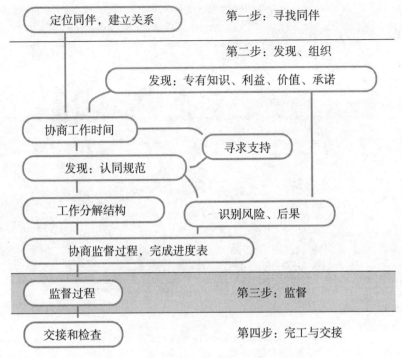

图 12-1　技术协调步骤（"同伴"指协调对象）

第一步：寻找同伴

通常你能确定谁会是你的最佳帮手。比如，专业的零部件供应商可以提供测试或评估样品。你可能正在施工现场协调工作，安排收集混凝土测试样品，并检查下一次混凝土浇筑的模板安装；或者正在通信中心协调维修承包商进行软件升级。

还有一些时候，你需要靠别人的建议来找到具备某些专业知识（例如炸药种类）的人才。这有助于明晰你的专业技术社交网络，如图 12-2 所示。

图片中心是作为新手工程师的你，你可能已经熟悉了几个人，比如说主管和某个同事。粗线表示关系相对比较深厚，细线则表示关系较弱。

图 12-2　专业知识社交网络（粗线代表较强合作关系）

从与你关系很好的知识渊博且经验丰富的人入手，请他们帮你引荐其他专业人士。你可以登门拜访或打电话，不到迫不得已时不要发短信或电子邮件。如果不得不通过电子邮件联系，记得询问对方何时方便见面或通话：

我今天去了您的办公室并试着给您打了电话，但都没有联系到您。可否与您约个时间，允许我再次登门拜访或致电？

他们可能倾向于电话沟通，这是可行的方案。但正如第七章所述，当面谈话会更为有效。如果他们表示爱莫能助，可以请他们推荐其他合适的人选。如果你是刚刚加入某个组织，第一次接触对方最好是通过面对面的方式。

在第九章我们也讲过，这样做的好处是有利于你与所有遇到的人打成一片，而已经与你建立关系的人则更有可能在之后帮助你。

第二步：发现、组织

在没有权威领导的情况下，你需要和同伴就预期工作和时限达成一致。甚至在此之前，你就应该考虑同伴的专有知识、价值和利益，与对方探讨现行义务。你们需要互相了解，最好是面对面讨论，这样你也能够确认对方是不是合适的人，并确保他有足够的时间如期完成工作。

在某些时候，可能有必要和同伴协商一下他是否有空。他可能需要再与你商议现有承诺的事件，并为可能交付的新任务重新安排日程。

除非任务用时很短，否则你或你的同伴最好获得各自主管，可能还有他们参与的项目的团队负责人的批准，至少要通知这些人。因为可能涉及成本和预算问题，除去来自同伴的时间成本，你也得花时间协商和监督，直至工作完成。

在为同伴加入该任务清扫障碍后，下一步你们要就任务细节进行约定。这也是一个相互了解的过程，因为如果不和同伴讨论，你可能无法掌握足够的信息以明确整项任务。你的同伴往往拥有特别的资源，如知识、技能、设施、工具或能操作某种设备等，这也是你需要他的原因。在同伴向你了解需求的同时，你也要向他学习。随着互相了解程度的加深，你们要共同"明确"或"发现"需求，逐渐消除双方误解，商定你们共同使用的词语的确切含义，以明确任务。记得倾听同伴的声音，你需要花时间确认他们是否充分理解了需求，能够上手工作。

如果任务比较复杂，你们可以共同商定书面的工作分解结构。有的合约规定必须有这类文件，而且可能还需要外部审批。

组织阶段的最后一步是协商进度表，这不仅是为了完成任务，也是为了过程监督。随着工作的开展，你或多或少需要进度表来监督工作进展。

同时，你应该至少在私下里预判任务执行过程中可能发生的事件，并评估进度或质量风险。尝试设想不可预测事件，并考虑一旦发生将如何处理，准备一系列备选方案。当然，如果是健康和安全问题，与同伴或其他合适的人讨论是非常有必要的。

第三步：监督——另一种发现

监督（通常也被叫作跟进）可能是最耗时的一步。这是一个不断重复的过程，但必不可少。在没有监督的情况下，同伴可能会全然忘记你的事情，或因为专注于其他优先事项而延误。监督的另一个出发点在于，你仍然对该任务的效率和安全负有责任，而你的同伴可能因为对任务了解得不够深入而无法意识到潜在的后果。因此，监管工作对于确保任务本意的充分贯彻可以说是至关重要的（图 12-3）。

监督始于预测：作为一个协调者，你需要预判任务的最新状况和进程，但这通常并不属于正式工作内容。要提高预测的准确性，技术知识和过往经验是很有帮助的，能让协调者知道在跟进时注意哪些东西。

协调者应设法与同伴当面讨论，至少要通电话。电子邮件是最后的手段，但通常也很难有效纠正问题。图 12-3 中的"检查进度"同时也是发现的过程：协调者通过与同伴讨论了解任务的进展，并且通过这一互动，双方都有可能发现在理解需求上的分歧并调整各自的期望。

在评估了任务的实际状态后，协调者应反思预测与现实之间的差距，并据此调整对未来的估计。

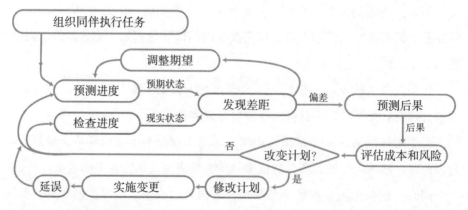

图 12-3 技术协调中的监督过程。当同伴释放完成任务的信号后，开启最后阶段——完工与交接

协调者应提前打算并预判结果。例如，在质量要求方面可能存在误解；同伴可能希望进行大范围检查，确保按最高规格完成工作，以至于花费的时间

远超计划；协调者可能没有说明这项工作的预期质量标准；此外，工程师们都倾向于花更多时间仔细检查、实现最佳效果；在项目的早期阶段，特别是当协调者只要求同伴进行大致估计时，大家可能都会抱有尽早完工的期望。

协调者需要考虑各种风险和后果。如果任务有预算，可能还要协商预算或在其他方面做出让步。如果完工时间非常重要，协调者可能需要改变工作范畴，甚至寻找外力来推进进度。

如果计划有变，你需要找时间和同伴讨论，修改当前计划并实施变更。寻找额外的帮手常常看起来是个好主意，但一般要花很多时间，而且新老同伴为了有效配合可能还需要一些时间来安排工作。因此计划的改变往往会带来延误。

在大多数情况下，这些工作都是非正式的——监督过程几乎不会留下任何文件或记录。

监督频率是协调者需要做出的最重要的决策，因为过于频繁的监督会破坏信任——协调的本质是自愿合作，协调者必须向同伴展示对他的信心。

但这种信心会带来另一个问题，那就是同伴会油然生出对解决技术难题的自信，然后孜孜不倦地去研究它。如果没有多番尝试各种解决方案，他们是不会寻求外界帮助的，甚至不会通知协调者出现了问题。此外，他们也有可能向其他人寻求协助，但对方没有给出好的回应。这些都会导致意料之外的延误。

因此，监督，同时也是一种粗略的指导方式，其频率取决于同伴无法自行解决的意外事项发生的概率，以及"浮动时间"（计划中为意外延误预留的时间）。你还应该考虑到那些让同伴束手无策的问题可能对你来说也会更难处理，因此你也存在还需要向他人寻求帮助的可能性。

举例来说，你需要监督一名维修工检查和更换高压管道螺栓连接处的密封装置。技术人员需要拧松后拿掉螺栓，拆下接头，检查或更换内部密封装置，然后再用扳手将螺栓拧紧。

如何确保螺栓被正确地拧紧了？或者，如果你是一名电子工程师，你怎么确定一些精密部件已经在洁净室中进行了适当的处理并能免受静电放电的影响？

你可以选择盯着每个技术人员，并在你检查完之前不允许他们进行下一阶段的操作。这将极为耗时，而且自己一个人同时监督同一地点的超过两人的情况都是不现实的。

相反，更常见的情况是让他们自行工作，因为你清楚他们的操作经验要远胜于你。

回到前面的管道维修案例，如何判断螺栓是否紧固？从外观上并不明显。也许你可以自己拿扳手挑一两个螺栓检查一下。但是，你无从判断该螺栓是否曾被过度拧紧，然后再拧松到合适的位置。这有关系吗？是的，特别是在高压管道中，确保螺栓松紧合适而不至于过紧是避免螺栓疲劳损伤的关键，因为它们在正常工作环境中需要承受非常高的压力，而过紧会对螺栓造成永久性的损伤，包括肉眼不可见的伸长、螺纹损坏，甚至会造成由金属中原有的细小裂缝轻微的扩大带来的严重后果。

由此可知，即使让维修工作正确开展是你的责任，你也无法在这一过程中真的盯着每个技术人员，你反而要依靠他们自愿和尽责的合作。你的工作依赖于他们能否自发地，以认真的态度来准确完成自己的工作，并确保成果是你想要看到的。

现在，可以明确的是，任务执行中的技术质量会影响其结果，该影响方式可能是不可见的，即使对在场观众也是如此。我们也都知道，大多数工程活动受限于严格的进度和预算约束，工作必须在商榷好的时间和成本内完成。因此，对大多数技术工作而言，其成功既依赖个体的责任感，以确保不会出现失误，也依赖于授权和检查的力度，以最大程度降低失误概率。

这时候信任会产生巨大的力量。与那些还未建立信任关系的人相比，对你信任的同伴的监督力度要小得多。信任可转化为大量时间上的节省，从而能降低所有人的成本。

我们大多数人天然地会对过度监督感到反感，频繁监督会损害彼此间的信任和信心。然而，在很多情况下频繁监督是保证任务正常开展的唯一方法，尤其是当你的同伴另外还有一大堆要事缠身的时候。

你早晚会明白，有些人，即使是你最信任的人也需要被不时提醒。通常只需要一通极简短的电话，以让你的事情在他们的大脑中占据足够重要的位置。

通常这种监督只是为了作为协调者让同伴记起你，以确保他们不会忘记你交代的事情。当然我们还有其他的手段，比如策划巧遇。

一位工程师是这么描述该技巧的：

如果需要协调那些大忙人，我会使通向洗手间或咖啡机（最好两者兼顾）的走廊处于我的视线之中。然后，当我发现他们有拖延迹象时，我会争取和他们同时出现在洗手间或咖啡机旁，但要看起来要像是巧合。一般我会确保旁边还有一个能聊天的对象，通常只需要让那人注意到我，就足以让他们想起自己快要逾期了。

第四步：完工与交接

技术协调的最后一步是和同伴仔细检查，确保令人满意地完成了工作。这需要时间。你们需要就测试达成一致，并预计测试中发现的所有问题将得到纠正（如图 12-4 所示）。

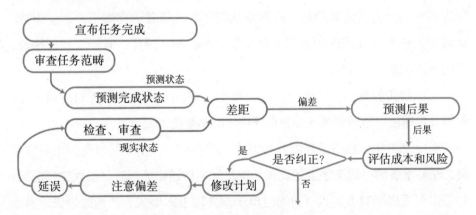

图 12 4　完工与交接阶段。协调者必须评估与之前商定的任务范畴、费用和风险相比是否存在偏差，并在必要的情况下坚持纠正，这意味着延误和再次检查的发生

避免过早地宣布任务完成。记住，技术协调依赖自发合作，要是你需要回头再去找同伴，坦承你在刚开始接收工作的时候没有充分检查，那就太尴

尬了。然而这种情况却时有发生，即使你的出发点是非常善良的。

与监督一样，你的技术知识对于预测所有的偏差造成的结果，包括最终风险，是至关重要的。

在完工阶段，最重要的一点是记得完成任务并不是唯一有价值的成果。作为协调者，你跟同伴增进了友谊，它的持续时间远比一次临时的工作安排要长。因此保持友谊也很重要，否则你可能会给对方留下一种你对彼此关系的重视只取决于某次特定任务的印象。

但这也并不意味着你需要在同伴身上投入过多的时间，也不代表你应该永远或在下次合作前完全忽视对方。偶尔拜访一下你的同伴，将建立和维护信任关系视为工作中一个重要的方面。

非正式领导力、面对面

技术协调能力也被视为非正式领导力。但大多数新手工程师，以及许多经验丰富的工程师都不愿意承认他们正在施加领导力。

请记住，作为一名工程师，你取得工作成就的唯一途径是影响别人的工作方式——制造或组装产品、操作系统或流程，或者为终端用户提供服务。而对别人的工作方式施加影响正是领导力的一种。因此，对于工程师来说，影响力技巧是必不可少的。

在本章我们看到，有效的影响力在很大程度上依赖于倾听和感知技能。你需要定期回顾第四至第八章，以评估你的感知能力。

当面交流几乎总是最好的开始方式，但当对方心不在焉或有其他要紧事时，精心准备的一篇文字会远比谈话能更好地传递你的想法。遇到这种情况，你可以当面提醒对方，也可以通过电子邮件以书面形式表达你的想法，当他们阅读了邮件后，你可以再与他们见面讨论。

社会文化

社会文化形成的许多限制是复杂的，而且会影响技术协调工作。例如，众所周知，在许多低收入国家，生产性工作要求主管一直在现场。我们在第十七章会提到，只要主管不在，工作就会迅速停止；在南亚，如果通过打电话跟进工作，那么意味着一天中要通话好几次。

与其他国家相比，在北美文化中影响力的施加过程中往往缺少权威的身影，因而交易色彩要更浓厚一些。你的同伴可能将帮你工作视为一次恩惠，并期待在未来的某个时刻收取回报。而在其他文化中，同伴的动力更多地来自同伴和协调者之间的互相尊重以及他们之前的关系有多深厚。

练习——绘制知识网络图

绘制你所在企业，或至少是与你往来较多的人们的知识网络图。记得在你的社交网络内有一些人，可能是很多人，是为其他组织、客户或终端用户工作的。复印图 11–5 和图 11–6，并尝试在每一朵云上写下人名，来表示各知识门类对应的人。用不同粗细的线条来表示相互关系的紧密程度，几个月之后再重复一次，你可能会惊讶于它的变化。

参考文献和拓展阅读

《工程师的能力及其在学徒项目中的培养方式：一种尝试模型》[Blandin, B. (2012). The competence of an engineer and how it is built through an apprenticeship program: A tentative model. International Journal of Engineering Education, 28(1), 57–71. doi:0949-149X/91]

《去权威化结果：无团队汇报的项目控制》[Kendrick, T. (2006). Results without Authority: Controlling a Project When the Team doesn't Report to You.

New York: AMACOM Books: American Management Association]

《工程领导力：工程师职业身份中的基础领导理论》[*Rottmann, C., Sacks, R., & Reeve, D. (2015). Engineering leadership: Grounding leadership theory in engineers' professional identities. Leadership, 11(3), 351–373. doi:10.1177/1742715014543581*]

《培养专业工程师》第九章 [*Trevelyan, J. P. (2014). The Making of an Expert Engineer. London: CRC Press/Balkema - Taylor & Francis, Chapter 9*]

第十三章

安全工作

许多工程活动存在健康和安全风险，如庞大沉重的物体、高压电力、极端温度、辐射、浓缩能量、高速、潜在有害的材料和流体。然而，即使貌似宜人的办公环境也可能造成严重伤害，例如重复性劳损（使用电脑所致）、心理压力、精神健康问题，或者遇到火灾、地震等。

本章将提供一些指导，这些指导不仅能保护你的安全，还能让你帮助他人排除健康风险或至少将风险降至最低。作为一名具有专业知识的工程师，无论是否被指派，你都有责任预判各项健康和安全风险，并主动保护他人。你需要非常认真地承担这项责任，否则它终有一日会限制你的职业发展，尤其是在发生事故的时候。这不仅涉及法律责任，未能预判和阻止一场致残乃至致死事故可能会带来多年的精神折磨，你会拷问自己："要是我早点想到就好了！"还有一个原因是，如果组织成员意识到他们的健康和安全是被人看重的，他们的工作效率也会随之提高。

实际上，安全事宜远不止一个简短的章节所能涵盖。所以，本章的目标在于提醒你抓住主要问题，引导你去寻找更全面的信息资源，并随着时间的推移逐渐积累知识。

一直以来，防范风险的最佳方式是在工程设计阶段消除它们。在大多数设计过程中，用于考虑安全问题的时间是最多的。所以，你要先了解工程工作环境中的安全问题，并积累可以应用到设计之中的知识，这在你的职业生涯后期会有用处。如今对许多工程师来说，工程安全已经成为一条专业的职业道路。

风险辨识

安全始于工程师预判某种行动（或选择不作为）带来的后果的能力。在工程领域，拥有远见，即预测未来多种可能性的能力，从各个方面讲都很重要（参见"专业工程能力框架"，特别是第 4a、第 12 和第 16 节）。培养全面的远见能力需要时间。不要犹豫，去请教那些比你更有经验的人，请他们检查你的预测并指出疏漏之处。

当研究安全性时，分析一个看似安全的环境所暗藏的风险会很有帮助。这些风险会威胁人的健康和安全，并很有可能造成实际伤害。比如，旁边车流密集的人行道就是一个暗藏危险的地方，而道路本身就是极其危险的场所——能否拥有这样的思维方式决定着最后的结果，而且思考的结果差别会很大。

在网上可以找到健康和安全检查表。用它们创建一个适合你所在工作场所的风险检查表，可以询问周围的人是否存在下列情况：

- 快速移动的物体；
- 潜在有毒化学物质；
- 加压气体，易燃的粉尘、气体、液体、固体，爆炸物；
- 高压或大功率电气设备（大于电源标准电压，或超过 50 伏特的外露型连接器）；
- 有害辐射；
- 高压液体（超过 20MPa）；
- 超过 80 分贝的噪音（在手机上安装一个噪音测量 App）。

找到并阅读你所在工作场所涉及的全部化学品或危险物料（如易燃气体）的物质安全数据表（Material Safety Data Sheet，MSDS），了解使人员不会暴露其中的隔离预防措施（如图 13-1 所示）。

图 13-1　实验室安全。部分安全设计体现在源头处，比如流过不同气体的管道都有明确标记，并且安装了漏电保护器（RCDs）以防止触电。但是，针对用户也需要制订管理控制措施，比如要求准确记录化学品的使用情况，以确保实验室人员对其进行安全处理，以及佩戴个人防护装备（PPE）

　　自满其实是最严重的安全风险之一，特别是当其发生在组织中的高级员工身上时。其实这并不难评估，询问上一次安全讨论或消防疏散演习是在何时；检查有害化学品是否被正确标记；询问对电脑使用者的预防健康风险建议；观察是否有腐蚀或油漆剥落，以判断是否缺乏维护和保养；观察员工，特别是高级员工是否在危险区域佩戴了个人防护装备（PPE）。如果没有人定期质疑安全标准，那些高级员工可能就不会注意，然后其他员工上行下效，就有可能做出导致健康问题或事故的行为；而在一个安全文化氛围浓厚的组织里，员工每天都会注意安全事宜。

识别危险事件

　　所谓危险事件，是指人们能够预见到可能性，但无法预测发生的时间，而且一旦发生会产生有害后果的事件。比如，带有漂浮物且流速很快的洪水会损坏管道设施，释放有毒化学物质；再比如，一名迷路的卡车司机在不知情的情况下误入了危险地带，因为那里夜间灯光非常亮，他倒车时不小心弄坏了高压管道的阀门，气体逸出导致了火灾或爆炸的发生。可能发生的危险事件有很多，因此须尽可能全面地进行识别。虽说这些事件都是可以预见的，但它们的发生却是不可预测的。在实际环境中，大多数危险事件可归咎于人为错误和解释差异，相对较少是由自然原因造成的。

除了请教技术知识渊博的工程师和技术人员外，向非专业人士询问可能发生的事件和危险状况对你来说也很有帮助。例如，清洁工经常能注意到被他人忽略的事情。

识别可能性、后果及风险

在分析安全风险时，有必要定性地识别风险事件发生的概率。从"极不可能"到"经常发生"，有五个程度可供选择。

用同样的方法对风险的后果进行分类，同样有五个程度，从"轻微影响：可能受伤但不需要医疗护理"到"灾难性后果：多人因此死亡或造成了严重的、永久性的环境破坏"。

然后，结合上述概率和后果，可以形成每个事件的"风险等级"，同样有五类，从"可忽略的风险"到"灾难性风险"。工程师经常使用的是风险矩阵，即一个可用于对照查找的表格，它为每一种概率和后果的组合定义了风险等级。

风险防控措施

排除无关紧要的风险，其余的风险都需要进行控制，风险等级高的事件则应被优先考虑。风险控制措施是指能够降低风险事件发生的可能性，或一旦发生后能减小伤害的措施，例如，个人防护装备（PPE）就能够减轻风险事件造成的人身伤害。

通常工程师们会采用小组讨论的方式，利用他们在风险评估和设计控制方面的经验得出结论，但令人惊讶的是，大多数时候他们使用的是模糊的定性描述，而非量化的概率和后果。

下面五个层级都是人们青睐的风险防控措施，第一层是首选：

第一层，风险消除，正如特雷弗·克雷兹（Trevor Kletz）所说的"不存在的东西就不会泄露"；

第二层，风险替代，寻找危害性更小的替代品；

第三层，实施"工程控制"以减小风险事件的概率或降低伤害，例如防护措施；

第四层，管理控制，能降低风险事件概率或减轻伤害的管理防控手段，例如规则、培训、认证；

第五层，个人防护装备，消除或减少人身伤害。

许多防控措施已经被纳入规范之中。你需要知晓当地的职业健康和安全规范，还应该证明你熟悉所在行业和工作场所的相关规范。如果没有相关规范，或地方的规范不完整、不全面，你也可以下载参考部分国家的相关规范。

区分"物理防控"（上述第一、第二、第三层）和"管理或程序防控"（上述第四、第五层）是很重要的。以化学品为例，将其装在安全的、掉落后不至摔碎的容器中是物理防控，置于密封的容器和管道中也是物理防控（这适用于所有有害化学品的存储）。这些措施能将人和有害化学品在物理层面隔离开来。管理防控措施则包括在化学品容器上做标签，在存储和使用地点设置危险化学品标志，制定化学品处理流程并做好员工培训，以及做好记录等。管理防控措施也是将人与有害化学品隔开，但这需要人们自觉观察标志、遵循程序和遵守规则。

物理防控和管理防控措施应在实践中综合使用，特别是面对危害性很大的化学品和其他极端危险物（如高压接线）的时候。例如，当发现地板可能变潮，应停用电气设备或使用漏电保护器（Residual Current Devices，RCDs）。虽然 RCDs 是一种物理防控措施，但有时候需要人们主动连接电源，因此从管理防控的角度看，应向员工准确解释使用方法，主管也应定期抽检以确保员工正确使用 RCDs。

在使用上述风险矩阵的时候，有时候因为某项风险发生的概率非常低，因此工程师倾向于将该风险视为微不足道的而不用及时采取防控措施，反而给予了更有可能发生的不太严重的安全风险以更高优先级。但是现在，在澳大利亚和其他发达国家，对所有会产生严重后果的事件，无论看起来多么不可能发生，都要求采取防控措施。发生这种变化的原因是工程师们一次又一次地忽视了极小概率事件实际发生的可能性。大多数人，不仅仅是工程师，都低估了发生低频（小概率）事件的可能。比以往更严苛的规则来自重大事件带给人们的教训，例如，1988 年派珀·阿尔法（Piper Alpha）石油钻井平台发生的火灾事件。

保留详细记录是必不可少的管理防控措施。历史表明，几乎所有重大事故发生前都有一些小事故或未遂事故出现。为小事故和未遂事故提供安全、便捷的报告渠道，可为制定更有效的防控措施提供数据支持，防止重大灾难的发生。

首要步骤

学会预判那些可预见但不可预测的事情。

了解电脑的安全使用方法及职场心理健康知识。

学习急救课程，如果课程中不包括安全举起重物的培训，择机另行学习。你永远不知道什么时候会需要举起一些重型设备。

把握机会参加有关电力、化学品等的安全课程。如果你所在的公司要求员工在高温、寒冷、高空、地下，甚至是倒班制度等恶劣环境下工作，你就需要学习这样的环境是如何影响人类健康和行为的。

文化影响

从实践角度来看，安全文化，即面对健康风险时的习惯性思维和反应，对安全工作有显著影响。举例来说，那些有名的石油和天然气大亨经常放话"我们必须在安全和生产之间取得平衡"，这被他们当作限制安全支出的论据。但由持类似态度的领导掌管的公司往往会遭遇重大灾难，例如英国石油公司。他们似乎忘记了，生产只有在安全得到保障的前提下才可以进行，尤其是在他们所处的行业中。如果灾难真的发生，通常他们会面临全面停工乃至巨额索赔，即使是大型知名企业也会严重损害或丧失信誉。2010 年，在墨西哥湾马孔多油井爆炸后，英国石油公司曾濒临破产，这是因为许多供应商出于对公司破产的担忧而要求在交付商品和服务之前付款，这使得英国石油公司几乎耗光了他们的现金流。

有些国家的文化是与强烈的安全意识相冲突的。在这种情况下，作为一名年轻的工程师，为了提高安全性，你需要挑战主流文化。然而这样做是值得的，除了个人的良知和道德义务外，还有以下原因：

第一个原因关乎你的人身安全。如果所在的组织没有形成足够的安全文化，你的个人健康和安全也会面临巨大风险。

第二个原因是经济上的。即使是在低收入国家，劳动力也不便宜（详见第 17 章）。生产效率通常取决于有能力的、拿着高薪的主管，他们在不在岗很关键。在一般工程企业中，材料、能源成本，以及机械、土地等固定成本是最高的。如果因为发生事故而流失经验丰富的员工，会显著降低物品利用率，造成材料浪费，大幅增加额外支出。

第三个原因是文化上的，人们对文化的理解常存在误区。

第四个原因在于声誉。如今大多数国际供应链都会面临道德和可持续发展审计。无论是争取大客户的订单，还是为大型生产合同的运营资金进行融资，一份良好的安全记录都非常重要，更不用提可以降低保险费用了。

人类行为

无论我们把物理防控措施设计和实施得多好，安全首先还是取决于人类行为。即使是最好的物理防控措施，也必须时常停下来进行维护或修改。

你需要明白，如果规则不能持续不断且清晰明确地予以执行，人们是会不愿意遵守的，哪怕是为了他们的安全而制定的也不愿意。那些危险警告标志最终会变成透明的，尤其是日复一日出现在人们视线中的时候；工人们会抵触严格的安全程序；此外，在重大事故或安全演习后，随着时间的推移，自满情绪不可避免地会出现。

作为工程师，你必须预判人们可能做出的危险行为，或因酒精（或其他药物）而出现神志不清的情况。

尽管人们的行为多种多样，但你比大多数人在这方面负有更大的工作责任，你需要尽力保护人们免受伤害。作为工程师的你可能现在就在设计规则和程序，以此来施行管理防控措施。

仔细观察人类行为是保持安全的最佳方法之一。一个向来抗拒个人防护装备（如护目镜）的员工可能确实很聪明，因为设计不当的个人防护装备会干扰员工的视力和听力，增加员工的不适感和疲劳感，以至于反而增大了事故发生的概率。员工喜欢绕过过于复杂或烦琐的程序，如果你注意到此类行为，请花点时间获得员工的信任，并在发号施令前仔细倾听他们的解释。主管和领班的号令可能是最有用的，因为他们比你更有可能影响员工的行为。

合理确保安全可能需要你投入大量时间和精力，可能还需要处理公司内部的反对意见。但如果你能做到注重细节、了解规则、掌握企业经济规律、重视声誉并坚持不懈，往往最终会得到回报。

但是，当你发现自身的健康和幸福面临较大风险，以至于无法维持平衡时，那么是时候寻找其他就业机会了。同时，解决了棘手的安全问题也将为你未来的职业生涯提供宝贵的经验。

参考文献和扩展阅读

《马孔多油井爆炸事故最终调查报告》[*Bea, R., & Deep Water Horizon Study Group. (2011). Final Report on the Investigation of the Macondo Well*

Blowout. Retrieved from: https://ccrm.berkeley.edu/pdfs_papers/bea_pdfs/DHSGFinalReport-March2011-tag.pdf]

《切尔诺贝利灾难》(Chernobyl disaster: https://en.wikipedia.org/wiki/Chernobyl_disaster)

《从工程师的视角看待人为错误（第二版）》[Kletz, T. (1991). An Engineer's View of Human Error (2nd ed.). London: Institution of Chemical Engineers, VCH Publishers]

《建筑物倒塌的原因》[Levy, M., & Salvadori, M. (1992). Why Buildings Fall Down. New York: W. W. Norton]

《工程师也是人：失败对成功设计的作用》[Petroski, H. (1985). To Engineer Is Human: The Role of Failure in Successful Design. New York: St Martin's Press]

《设计范式：工程中的错误与判断实例》[Petroski, H. (1994). Design Paradigms: Case Histories of Error and Judgment in Engineering. New York: Cambridge University Press]

《管理维护错误》[Reason, J., & Hobbs, A. (2003). Managing Maintenance Error. London: Ashgate]

《澳大利亚 - 新西兰风险管理标准（AS/NZS 4360）》[Standards Australia. (1999). Australian and New Zealand Standard 4360:1999 Risk Management. Retrieved from saiglobal.com March 2013]

《管理风险：21 世纪生存和成功的关键问题》[Waring, A., & Glendon, I. A. (2000). Managing Risk: Critical Issues for Survival and Success in the 21st Century. London: International Thompson Business Press]

《澳大利亚工程实践中的专业绩效、创新与风险（PPIR）》[Warren Centre for Advanced Engineering. (2009). Professional Performance, Innovation and Risk in Australian Engineering Practice (PPIR). Retrieved from Sydney: https://thewarrencentre.org.au/project/professional-performance-innovation-and-risk/]

第十四章

行大事之道

声誉来自承诺的兑现。如果你说到做到,人们就会信任你并把钱交给你。这同时也意味着你必须把项目管理好。

工程师就是通过组织和管理项目来做成大事的。

你的大部分技术工作很多时候都需要你自行处理,并且常常依赖于广泛的社会互动。你要完成各种不同的工作,可能有 60 个或更多事项同时摆在面前:寻求援助、协调他人、做必要的决策、搜集决策信息、收发电子邮件,还有一些行政事务。如何安排每天的各项工作及先后顺序,什么时候开始工作,哪些任务被执行以及哪些事项被遗忘,中途是否被人打断,被人打断后是否忘记重新开始,这一切都会给自己的工作带来不确定性。伴随着工作一起滋生的是错误,包括无意识疏忽,因感知错误、解释差异和习惯使然导致的有意识错误,无法认识到错误,不能及时采取纠正措施,或为了欺瞒而错上加错等。由此可知,产品交付取决于许多人的理解能力和后续行动,大家都面临着不完整的信息和大量的不确定性。

做对 55% 的题目就足以通过大学考试,然而,作为一名工程师,即使99% 的题目都做对了,大家对你的成绩也觉得不够好。可面临着如此多的不确定性,怎么才能做到足够好呢?你甚至没有足够的时间把邮箱里的邮件都看一遍。

这时候你可以学习。请继续读下去。

项目管理指的是工程师用来限制所有不确定性后果发生的一套方法,包括:

• 解释目标。

120

- 技能开发和培训。

- 组织程序和清单。

- 风险管理。

- 项目规划。

- 管理中断。

- 技术标准。

- 监督。

- 合适的工具。

- 相称的组织文化。

- 质量保证。

以上所列都依赖于一个复杂的、能够为决策和行动策划创建集体记忆的文件管理系统。

"项目管理（Project Management）"诞生于20世纪70年代，当时在许多非工程领域，人们应用了工程学方法来组织项目，包括市场销售人员组织新产品的发布活动、管理顾问安排组织重组等，这些系统工程方法都被证明是颇为成功的。针对这些技能，美国项目管理协会（Project Management Institute，PMI）正在全球范围内提供教育和资格认证。

遗憾的是，根据一家著名跨国公司通过监测大型工程项目成功与否收集的数据来看，自那个时代远去后，工程项目的交付成绩越来越差。基于15000多个项目的数据显示，在超过10亿美元的项目中，只有不到1/3的投资收益超过了项目获批时预测收益的50%，而约1/6的投资宣告彻底失败并被业主抛弃。虽然规模较小的项目成功率能高一点，但总体表现只能用"骇人听闻"来形容。这就是如今在公司老板、高管和政府人员心目中工程师的形象江河日下的原因。

许多工程师听到这一点时都倍感惊讶，因为他们一直在格外努力地工作，以在时间和预算限制内交付成果。但是，他们也极少从业主的角度审视项目。事实上，即使一个大型项目中的许多环节都能按部就班地完成，整个项目仍然有可能失败。而业主们通常缄默不言，只愿意谈及成功之处。也许是出于他们对公开调查的抵触，我们对他们失败的原因仍然知之甚少，对如何改善更是无从谈起。

已有的工程实践研究揭示了工程项目管理中相对容易被忽视之处，接下来两章将予以阐述：

- 将信息转化为知识的困难。
- 技术规范。
- 价值感知。

对以上几点的深入理解可能有助于工程师提高项目交付成绩。我真诚地希望它们有效，也期待在你的职业生涯中帮我们加以证明。

信息、知识和多样性

项目组织依赖于文件和信息系统中记录的大量信息。正如第四、第六、第十和第十一章所述，信息可以很容易地从一台计算机转移到另一台计算机。然而，为了实现项目组织，人们必须从文件和信息系统中读取知识，以在必要时做出合理的决策。而我们很少意识到，在阅读项目管理文本时，将信息转化为头脑中的知识并非易事，这可称为一项特别的挑战。

另一项挑战是我们很难使所有信息保持一致并尽可能不出差错。

不确定性管理最有效的方法之一就是系统性检查，利用人们感知、解释、思考和行动的多样性。不同的人会从不同角度看待同一事物，这也是为什么作者最好将自己的作品交给他人检查的原因所在。检查者与作者的想法越不同，就越有可能注意到文档中的错误。其实，仅仅是想到会有高级工程师系统地检查你的工作，就有可能提高对预计工作水准的期望，进而改善工作表现。在工程企业中鼓励多样性，有时候有助于使错误和分歧更早地暴露出来，减轻不良后果的严重程度。

如第六章所述，文本阅读技能在这种情况下尤为重要。

项目生命周期

每一个项目都始于识别需求和协商可能性，并获得融资和监管审批。在工程实践中，每个重要阶段前的融资和监管审批都需要经过一个"阶门（Stage Gate）"决策过程，其具体表现因企业不同而各异（如图 14-1 所示）。更多信息请参阅《培养专业工程师》（第十和第十一章）。

接下来是依照需求深度进行设计和解决技术问题。在工程实践中，设计和问题解决往往与不断迭代优化的分析和预测交织在一起。甚至在早期阶段连需求也有可能被拿出来重新协商。

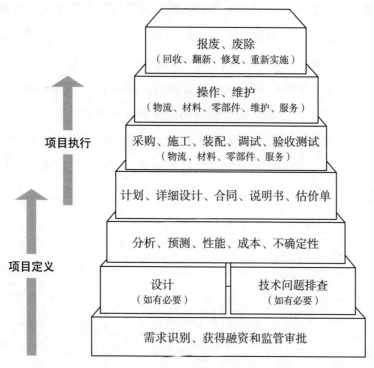

图 14-1　工程项目中的一系列阶段或活动，底部的项目定义阶段是第一步。本章接下来会进行阐释。注意此图并没有囊括所有可能的活动。而且因为工程项目不同，自然对每个阶段的重视程度也不同。以工程咨询为例，"产品"一般指信息，通常是以施工图和规范文件的形式出现

项目的其余阶段要等关键的最终投资决策（Final Investment Decision，FID）做出后才能进行，在此之前的最后一步是为项目的所有文件进行详细规划和准备。通常情况下，在本阶段结束之时，5%~10% 的预算就已经被花掉了。这也使得所有东西看起来更加昂贵。

对于任何一个项目，采购、物流、制造、安装、调试和验收测试都会占用大量的资金。对此，可预测性非常关键：工程师需要确保在预算限制内安全、准时地完成所有工作，并在交付时达到所要求的技术性能，这常给他们带来巨大的压力。

只有到了最后阶段，有形的产品或服务产生，投资者才开始收获一些有用的价值。此时报酬开始流向为项目提供资金支持的投资者。产品必须能可靠地运行，至少在预期使用寿命内，而且通常时间应更长。这时候维护工作扮演着重要的角色，可保持所有部分正常运行，以在产品或工艺的整个生命周期内实现预期性能。最后是报废阶段，即把人工制品移除、回收或再利用。如果是消费品，这些活动则出现在整个生命周期之中。

图 14-2 通过协调环（Coordination Ring）展示了项目的各项活动，在这个环中，为实现预期目标而采取的行动被分解成一连串的实施步骤，所有技术活动通过工程师的社会关系网进行协调。协调环由左半边的非正式过程（通常是无形的）和右侧与之相对的正式过程组成。其实从另一角度来看，常被人称为"非工程"活动的正式协调过程也可以视作是无形的。

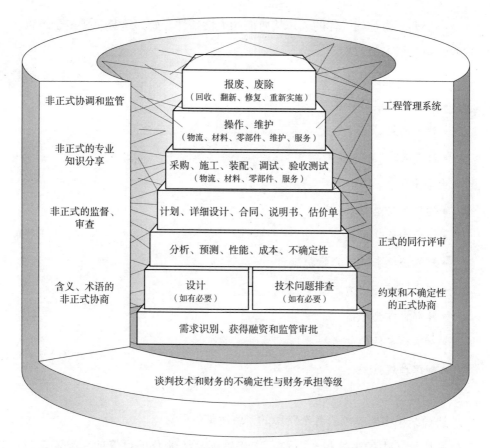

图 14-2　项目管理与协调。项目各步骤由协调环包围和支撑，它能带领项目前进并管控人为因素引起的所有不确定性。另外，工程师还需要花费大量精力协调项目与外部世界之间的联系，虽然本图未显示出来，但这同样重要

　　注意，在以上这两幅图中，设计和解决技术问题相对而言没有那么重要。人们会尽量避免钻研技术难题，通常更可取的做法是使用已经尝试并验证过的解决方案，而不是研究还不确定结果的新型方案。在许多项目中，工程师都会尽可能重复以往项目中的设计，毕竟，这可以节省时间并减少不确定性。

　　注意，协调环同时也是你所从事的整体工作的基础。

　　协调环涉及全部参与者的持续互动，包括客户、资方、工程师、承包商、供应商、产品和服务交付人员、技术人员、监管者、政府机构、地方社区和特殊利益集团。

以协调环为基础，你的工作从协商约束性条件开始，这甚至要早于融资。这些约束包括：

- 供应商的能力和生产力。
- 技术要求。
- 进度表。
- 监管要求。
- 健康和安全要求。
- 环境影响、排放。
- 可靠性要求、客户维护能力。
- 客户的经济实力。
- 外部资方要求。
- 对不确定性的包容程度。
- 知识产权。

协商结果将影响项目各个阶段的融资决策。

在协调环中的正式过程一侧，工程管理系统涉及项目管理、配置管理、环境管理（如 ISO 14000 系列标准）、健康和安全管理（如 ISO 18000 系列标准）、质量管理（如 ISO 9000 系列标准）、资产管理（或持续性保障，如 ISO 55000 系列标准，前身为 PAS-55）、文档管理和变更管理。你将在工作中遇到这些系统。

在协调环的非正式过程一侧，随着项目团队对需求和约束的了解程度逐渐加深，他们会不断重新协商各项含义。在最初，项目各方都会对描述性术语赋予自己的理解，但随着项目的推进，差异必须被消除，或至少得到理解和承认。

例如，对规范的解释可能存在差异。许多人将规范视为没有商量余地的需求声明：组件只有通过所有测试，证明其达到了规定的水准，才可能被接收。然而，还有一些人觉得只有生产时才需要如此严格，某些预生产版本的质量可以差一些。有些人可能还认为，规范其实是"弹性的"，只要能满足基本要求，即使发现了其他不符合要求之处，也可以通过价格折扣等方法协商解决。

在一些工程师讨论"可靠性"事宜的时候，另一些工程师则在考虑制造质量的问题。协调环中的不同个体都以不同的方式形成了自己的知识库并试图去理解对方的意思，有时这会使得知识分享过程变得漫长而艰难。

围绕图 14-2 的讨论中最重要的观点是：项目所需的工程活动主要就是管理和协调。许多工程师为此几乎投入了所有的时间，而通常花在计算、设计和解决问题上的时间则少到只占有 2%。有很多工程师认为项目管理和协调工作"不是真正的工程"，因为这不是他们在工程院校学到的，而且似乎没有技术含量可言。然而，这方面的工程工作强烈地影响着项目交付时的表现，如果工程师想要摆脱如今的声名狼藉，就必须对此进行改善。

项目规划

项目管理过程可分为三步：

第一步，规划与组织；
第二步，监督进展；
第三步，完成项目。

项目中各项任务的管理过程也可分为以上三个步骤来进行。

要想实现良好的管理，需要有详细的项目计划，这也是众多项目文档中的第一项内容。

即使是最优秀的项目经理也无法面面俱到。与之相反，你创建的每一份文档几乎都是动态的，会在项目过程中不断改进并逐步细化。在各个阶段，你和你的同事，通常还有客户和其他利益相关者，都将对需求有更清晰的认识。有些文档甚至到了项目的最后阶段都还在被反复推敲。

请在不丢失细节的基础上不断简化需求，并使文档尽可能简短（如图 14-3 如示）。

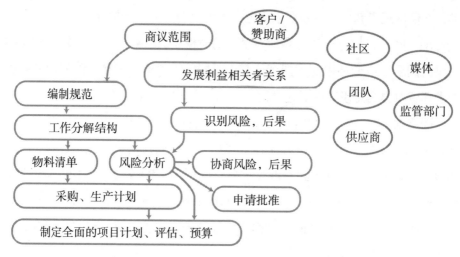

图 14-3 项目定义和规划阶段。

虽然图 14-3 中先后顺序分明，但在实践中，至少有部分过程是存在重复迭代的，因为随着重大技术问题和不确定性愈发清晰，以及项目团队愈发深入的调查为此提供了新的见解，可能有必要重新协商项目范围和风险分担，甚至在项目进行过程中也有必要重新审视一些计划，如图 14-6 所示。

协商并定义项目范围，计算进度

这是项目经理最重要的一项工作：与客户及其他利益相关者（见下文）协商并就项目范围达成协议。有些项目不涉及付费客户，它可能是由你所在公司的某个人发起的。项目的发起者同样可以被视为客户。

在大多数情况下，赞助人或客户只对自己的需求有粗略的了解。因此，在项目的早期阶段，你的主要职责是明确需求并规范必要的细节。

项目范围由一个或多个文档定义，这些文档涵盖了所有为完成项目要做到的事情及其简明定义。

我们会逐步细化项目内容，但请对项目范围之内的任何细化都加倍谨慎处理。这就要提到所谓的"范围蔓延（Scope Creep）"了，它指的是对项目范围进行了一系列微小的扩展，单个看起来都是无关紧要的，但在项目范围内不管增加什么内容几乎总是意味着提高用时和成本。因此，从一开始就定义好项目范围是优秀的项目经理最为关键的技能之一。

工程师根据项目范围创建工作分解结构（Work Breakdown Structure，WBS），并在表中完整列出与项目相关的每一个人负责的工作活动。分解后的每项活动一般需要超过一天的时间来完成，但不要超过 20 天（四个工作周），否则会很难监控进度。

另一个重要文档是物料清单（Bill of Materials，BoM），列出了项目所需的所有物品，及其获取、运输和存储方式。

明确每项活动的约束条件，确定必要活动的先后顺序，然后可以在计算机上录入并确定计划进度表，同时以甘特图（Gantt Chart）的形式呈现（如图14-4 所示）。

这部分工作如今在项目管理中已是司空见惯，有许多软件包可供选择，你可以很容易找到其中的一个来辅助你安排这些任务。

规范

技术规范现在已经从项目管理课堂上消失了。然而，它们对工程项目来说却是至关重要的内容。

这是为什么呢？

技术规范规定了如何评估技术工作的质量和完成度。除非成果符合相关技术规范和标准要求，否则工程活动不能被认证为已完成。因此，工程背景下的项目管理和成本完全取决于技术规范及其解释方式。

举例来说，设备的工作温度范围能够影响成本。一般我们将其设为 $-55℃ \sim 125℃$，这也是通用的军方标准工作温度范围。而如果我们调整为 $-42.5℃ \sim 52.5℃$，可能将设备成本提高 10 倍。为后者配备的试验设备可能需要温控精度达 $0.1℃$ 的环境测试舱，因为要求的温度具体到了小数点后一位！制造商及认证机构都需要这些试验设备，可能会大大增加设备成本。

技术规范并不会或很少描述终端用户的需求，他们的需求由工程师来阐

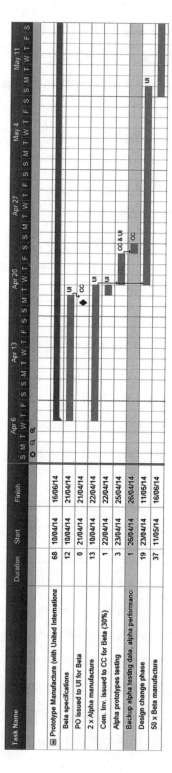

图14-4 某项目的一小部分甘特图

释，然后编写出能使最终解决方案满足这些需求的规范，即"量身定做"。但是，如果解决方案设计工程师能够充分理解终端用户的需要，他们可能会构思出更具成本效益的解决方案。这意味着他们需要接触潜在的终端用户并仔细倾听，以了解他们的需求，现实中几乎无一例外。

技术规范还可以指图纸，更充分的表述是待建物体的数字化展现形式，这往往涵盖了全部或至少是大部分的设计内容。通过完整展现该物体，还能为编制物料清单和 WBS 提供详细信息。

对于许多日新月异的项目，通常预算中会设置一笔"不可预见费"，即为一开始无法预知的情况而提前准备的费用。

那么，现在我们面临的问题是：规范是如何组织成书面文档的？

为此，我们需要理解规范的目的：它定义了接收条件，以及如何确定某一交付产品能否被认可。

尽管客户不需要了解规范文件中的所有细节，但作为负责交付人工制品、材料、服务或信息的人员，你需要了解。工程师的主要职责之一就是确定规范文件的详细程度。一种在规范文件中简化细节的方法是参考国家或行业标准，它们已经包含了一些需求和测试方法的细节。

规范有两种基本类型：测试规范和方法规范。

第一种，测试规范

描述为确认目标实现（即结果符合规范）或未实现（结果不符合规范）进行的测试和检查。

例如，我们可能需要建造一个横梁，规定的验收测试可能包括对横梁施加一定的载荷并测量其在给定点的挠度。因此，定义规范为：

- 如何定位和支撑横梁。
- 施加多大的载荷以及施加方式（如试验机、砝码、连接钢索等）。
- 特定方向的容许挠度限制和梁上特定位置的旋转运动。
- 施加载荷时长 ★。

- 测试时的最高和最低温度及相对湿度限制 ★。
- 测试前横梁的存储条件 ★。
- 可允许的最大风力（室外试验）。

标星号（★）的几条对非金属结构来说非常重要，尤其是纤维增强复合材料、塑料材料或木材等天然材料。

尽可能地使用标准化测试，以使结果具有可比性。例如，由国际标准组织——美国材料与试验协会（American Society for Testing and Materials，ASTM）——研究与发布的技术标准（主要偏重测试方法方面）。

测试规范的薄弱之处在于，人工制品、信息或服务只在提供测试前被检测出来。然而，我们可能需要某产品可靠地运行 30 年，期间只进行年度检查和少量维护（如重新喷漆）。我们怎么能说服自己，一件通过了验收测试的待交付产品能在 20 年或 30 年后仍然可用呢？

一种方法是将所谓的加速老化纳入测试规范中。在沿海地区，被放置在户外的产品可能会受到高温和低温、高湿度和低湿度、强烈的紫外线辐射、盐雾、振动的交替影响，甚至是同时影响。在实际环境中，可能需要 10 年或更长时间的老化情况可以通过为期两个月的加速老化测试重现。

然而，这种测试也带有局限性。另一种规范，即方法规范，提供了帮助克服这些限制的替代方法。

第二种，方法规范

描述实现目标的方法、过程或步骤。方法规范通常涵盖了关于工具、材料和生产过程监督的详细规范。

方法规范能确保经过培训并且经验丰富的人员，用公认的合理方法，使用质量有保证的材料去制造产品，并在制造过程中使用了标准化技术进行检查，使我们得以相信产品能达到预期的效果。

有时一条规范会是这两种规范的结合。例如，某方法规范可能要求在施工、制造或装配过程中安排中期的验收测试。

检查和测试计划

除了规范文件外，项目还需要检查和测试计划（Inspection and test plans，ITPs）。对于 ITPs，必须谨慎思考和落笔。它不仅包括指定的方法和测试，还必须明确当检查或测试不合格时的举措。

下面举一个反例。图 14-5 中的液压调节器在离开制造工厂前需通过一系列验收测试。在对从生产线上下来的第一批产品进行测试时，一些结果显示

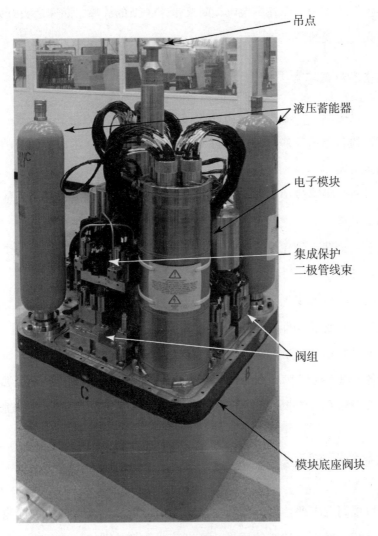

吊点

液压蓄能器

电子模块

集成保护
二极管线束

阀组

模块底座阀块

图 14-5　集成式液压调节器

有故障出现，这通常与图片顶部的黑色电缆束有关。因此，测试工程师要求在重新测试前更换电缆。然而，他们在更换后并没有回到测试的起点重新测试，而仅仅重复了刚刚失败的那部分。等该部分测试通过，他们即按照预先设定好的顺序直接进行了后面的测试。之后，这批设计使用寿命为至少30年的液压调节器，有多台在被安装到终端用户设备上数周内就出现了故障。项目管理方面的采购工程师忘记了提出要求：在验收测试的过程中，为检测出的故障进行的所有维修都应在之后重复所有的测试。其实他们出现故障的原因是电缆连接不牢固，而在更换电缆时又带来了新的故障，除非从头开始测试，否则是无法发现的。

检查和测试职责

每个供应商都一心想确保组件和材料能通过规定的测试和检查。如果这些测试和检查是由供应方的人执行的，他们会倾向于从尽可能乐观的角度出发来描述结果。

同样地，采购或项目管理工程师也会不惜一切代价，避免出现他们同意接收的设备或服务在之后暴露出当初未曾留意的缺陷的情况。因此，他们可能倾向于从最悲观的角度解释所有的检查或测试结果，以至于增加供应商的负担，并可能导致合同纠纷。

采购或项目管理工程师也可能受到来自供应方的贿赂，在检查和测试中出具更为仁慈或宽容的意见。

基于以上原因，常见的是由中立的第三方机构进行检查和验收测试，该机构须与各方没有任何利益关联，以客观地进行评价。一些国际公司，如德国莱茵（TUV）和法国必维（Bureau Veritas），都能提供独立的检查和测试服务。

风险分析与管理

项目规划者应评估可能影响项目进度或结果的可预见但不可预测事件的可能性。结合发生后造成的后果，可将其评估为关键的、中等的或不重要的几个等级。制定控制措施（或备用计划）以弱化此类事件的可能性或后果。

审批

工程项目可能对周围社区造成严重的、出人意料的影响。由于过去的种种教训，如今工程师们发现自己正受到政府监管机构的详细审查，而这些机构大多会雇用工程师来工作。因此，工程师们发现需要付出相当多的精力来撰写申请书，才能通过政府对项目的审批。

即使是小型项目也需要通过 20 项或 30 项审批，既有来自项目组织内部（计划和预算）的，也有来自政府监管机构的。工业化国家的大型项目可能需要多达 150 项甚至 200 项独立的审批，来自国家、地区和当地的多个政府机构。

最终投资决策（FID）审批

最关键的一项审批是对项目资金的批准，这甚至超过了最初的项目定义和规划。

经验表明，拥有详细计划的项目更有可能达到目标。因此诞生了"前期准备"的概念，它表示为了尽可能地实现既定目标，在项目规划和初步设计上付出的努力程度。一旦最终获批，即可开展 WBS 中所列的各项项目活动，项目管理的监督阶段也同时启动。

监督进度——持续学习

一旦项目工作正式开始，项目管理就从计划转为监督过程了。

如前所述，项目管理的本质是协调许多不同的、可能分散在各地的人一起工作。而要做到这一点，就必须对各项活动的进展情况进行监督，但这并没有看上去那么容易。

监督是一种周期性活动，其中大部分内容与学习相关。工程师按一定的频率不断重复，而时间间隔取决于项目的管理方式和管理者（如图 14-6 所示）。

许多人将监督过程描述为一种简单的、无止境的、重复的循环：计划、执行、检查、行动、再计划……从某人做计划开始，然后人们遵循这个计划开始实施，检查者发现事与愿违之处，然后再由某些人采取必要的纠正措施，再调整计划（如有必要）。周而复始循环，直至项目完成。然而，其中的学习过程，即在文档和计算机系统中查找信息并辨别其相关性，常常被人们忽略了。

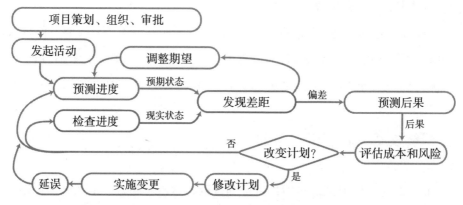

图 14-6　项目监督是一项周期性活动。除了依赖于能否从项目文件中得到必需的大量信息外，其在原则上与第十二章讨论的监督阶段类似

不在现场的项目工程师或项目经理通常每周检查一次进度。他们会前往现场，并在前一两个小时与现场主管或现场工程师一起查看每项活动并审查进度记录。然后，他们会一起巡视现场，并查看存在延误、出现意外或有错误待纠正的地方，并与分包商、零售商和技术人员简单交谈。

在每次检查之行前，项目经理会预测所有当前活动的结果，即自己期望看到什么。再通过比较实际进度与预期进度，"校正"期待，这样随着时间的推移他的预测会越来越准确。

当然，这一切的关键都在于形成某种评估方式，以评估所有活动的进度。如果产品是有形的，那么监督相对容易一些，但对于许多工程工作来说，其困难之处在于脑力活动是无形的。当我们寻找过程中的成果时，会发现它们对表明实际进展的作用很小。设计工作最终以图纸和文件的形式呈现，但这些成果出现的时间相对较晚。在早期，人们顶多能看到一系列草图，再加上和设计师的交流。这时你或许意识到了提前思考各项活动的相关问题有多么重要。

- 在工作实际完成前，如何评估其进度、质量和其他属性？
- 如何知道能否在预算范围内按时完成工作且质量达标，并在实际交付前留出充足的时间以采取必要的纠正措施？
- 最终，如何判断是否真的完成了工作且满足质量、精度和预算要求？

监督进度最困难的部分之一是许多工程师（和某些人）倾向于自欺欺人，尤其是在面对设计、规划等依赖于抽象思维的高强度脑力工程技术工作时。

很多工程师容易高估实际完成的工作部分。因此，需要由知识面广且经验丰富的人提出问题，暴露在工程师们看来已经被掩盖或解决的缺陷。

从上述简短的讨论中，我们可以看出，项目的监督阶段，包括周而复始的预测、检查、评估和审查，是非常耗时的。项目经理的工作并不容易，但这方面的时间和精力投入又很难得到其他人的理解。查阅项目管理的相关文献，我们可以发现多种项目整体进度的评估方法，但鲜有提到如学习相关文件等需要付出的努力。

检查各项活动是否准确完成对于项目的财务管理也至关重要。项目经理授权向已经完成工作的承包商付款。如果在付款后发现错误，即使相关合同文件中规定了保证条款，说服承包商回来纠正错误也会非常艰难，甚至令人无可奈何。

完成项目

当所有既定目标均已实现并被客户接收，项目即告完成。如果能在项目定义阶段规定所有必要的细节，说明了如何通过检查和验收测试证明各项任务的完成度，那么完成工作会相对简单一些。检查和测试活动通常本身就是WBS里的一项活动，因此，结束项目的完成工作就相当于做完了所有活动。

在现实中，大多数项目最终都会面临大量检查或纠正清单。这时候，在项目开始阶段对项目文件进行详细规划的好处就显而易见了：一方面，如果没有细节支撑，项目经理很容易就会在与客户喋喋不休的、争论各项活动是否完成的谈判中败下阵来。自然而然地，项目经理希望将总支出控制在预算范围内或尽可能接近预算（如图 14-7 所示）。但另一方面，受利益驱使的客户则希望尽可能减少对承包商（或项目组织方）的付款。

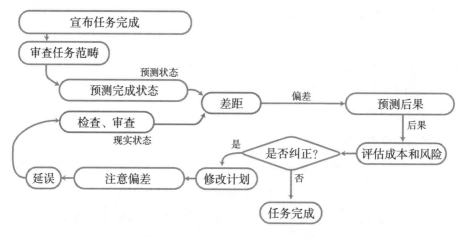

图 14-7　活动任务完成时的审查流程

在项目初始预算限制内交付成果往往会带给项目经理巨大的压力。除非项目文件足够详细，否则处于重压之下的项目经理会看到一个诱人的选择——删掉项目范围内不必要的活动，或者干脆忽略它们，特别是当它们会导致项目超支或延误的时候。当项目接近尾声时，项目经理是不愿意站出来协商增加预算或延期交付的，除非确实有很好的理由或在早期的文件中有所规定。因此，必然的，许多问题被轻描淡写地忽略了，并在后期无可避免地暴露出来，转化成操作和维修问题，当然这个时候产品通常已经交到别人手上了。

参考文献

《项目管理：原理、过程和实践（第二版）》［*Hartley, S. (2009). Project*

Management: Principles, Processes and Practice (2nd ed.). Sydney, Australia: Pearson]

《大型工业项目：成功的概念、策略和实践》[*Merrow, E. W. (2011). Industrial Megaprojects: Concepts, Strategies, and Practices for Success. Hoboken, NJ: John Wiley & Sons*]

《项目管理知识体系指南（第六版）》[*Project Management Institute. (2017). A Guide to the Project Management Body of Knowledge (6th ed.). Newtown Square, PA: Project Management Institute, Inc*]

《土木工程项目管理（第四版）》[*Twort, A. C., & Rees, J. G. (2004). Civil Engineering Project Management (4th ed.). Oxford: Elsevier Butterworth Heinmann*]

《基于项目的任务协调与控制：用于交付的数字对象和基础设施》[*Whyte, J., & Lobo, S. (2010). Coordination and control in project-based work: Digital objects and infrastructures for delivery. Construction Management and Economics, 28(6), 557–567. doi:10.1080/01446193.2010.486838*]

《什么是建筑项目规划师？》[*Winch, G. M., & Kelsey, J. (2005). What do construction project planners do? International Journal of Project Management, 23, 141–149*]

第十五章

价值生成

这一章可能会让你的主管、导师甚至所在企业的高级工程师感到新奇。本章内容源于我们最近的研究：大多数工程师已经发现，除了简单的效率指标外，他们很难去描述自己的工作生成的商业价值。

了解工程工作是如何产生价值的，将有助于你在安排工作优先级时更容易与商业目标保持一致，并为你服务的社区创造社会价值。你的想法也会更容易得到高层决策者的支持，这样你的职业生涯也会更顺利。

我最近遇到一位受雇于大型跨国公司的土木工程师，他是一位正参加某大型扩建项目的年轻人。但没有做任何"真正的工程工作"令他非常沮丧，甚至开始考虑离开工程行业。我问他都干了些什么，他说：

"他们只是派我去检查承包商是否准确安装了电气接线盒，或者是否在道路下面准确修筑了涵洞。下雨的时候，我要去检查排水然后拍照，之后回办公室填写一堆文件。这根本不是工程工作，也绝对不是我想要的。从工作中我没有学到任何对工程师的职业生涯有帮助的东西。"

我解释道：他所描述的工作正是工程工作，在工程领域，在向承包商付款前检查他们是否已经按照合同要求完成了所有工作是非常重要的。我说："你认为这不是工程工作，只是你们的工程学老师没能教给你们很多工程工作的要点，而这些要点通常和结构设计计算一样重要。"

一旦承包商拿到钱，不付出额外的费用是很难让他们返回来解决问题的。如果付钱找其他人成本会更高，而且通常需要比较高级的工程知识来发现这些问题。这位年轻的工程师通过尽可能发现问题，减少问题被遗漏的可能性，以及降低额外花钱修复的风险，为公司做出了贡献。他在短短几天内就为公司节省了数十万美元。

关于工程师价值生成的研究如此之少是令人惊讶的。在本章中，我将解释工程师是如何为公司和客户提供价值的，这部分观点来自我们的最新研究，可能对许多人来说是闻所未闻的。

工程师的价值主要体现在以下三个方面：

创造价值：工程师规划项目，并为投资者提供充足的信息，为项目争取资金。其创造的价值等同于投资者提供的金额。

传递价值：工程师利用投资者的资金将计划转化为实物、系统和服务，为付费使用它们的终端用户提供价值。换句话说，工程师传递的是项目在计划阶段表现出的潜在价值。

维护价值：工程师维护实物、系统和服务所蕴含的价值，这些价值依靠工程师的努力才不会迅速消失。当涉及能源、水、运输、通信、卫生这些对人类社会运行至关重要的领域时，疏忽大意可能导致严重的价值损坏、疾病肆虐和生命损失，并远远超过工程系统本身的重置价值。

生产型企业产生的商业价值应大于其经营成本。在本章中，价值不仅仅意味着金钱（虽然大多数工程都会面临资金约束），价值是一种主观感知，表现为两种不同的"气质"：

交换价值：买方准备拿来交换某一物品或体验的金额；

使用价值：对一种体验的感知，或拥有一件物品的满足感。

因此，鉴于工程工作的大部分资金来自私人和政府投资，其生成的价值本质上体现在工程师是如何影响投资者和终端用户的想法上的。

此外，必须跳出狭隘的企业经济范畴，从更广泛的角度去看待价值生成。

一个企业只有在社会的支持下才能蓬勃发展，因此企业必须反哺社会，为其创造社会和经济价值。

工程师研究价值生成是有意义的，理由如下：

一是回报。

研究表明，清楚自己的工作是如何产生价值的工程师往往会获得更高的薪水，因为他们会让雇主更多地看到他们对公司的作用。

二是声誉。

研究价值生成的工程师知道，他们的工作中看似没有技术含量的、与人打交道的一面，以及像检验、检查等平平无奇的部分，对于传递商业价值和维护现有的社会和经济价值至关重要。在准时交货和服务质量方面，他们更有可能超出投资者和用户的期望，这些都有助于建立声誉。

三是安全。

能够解释自己是如何产生价值的工程师在商业环境恶化时被解雇的可能性更小，因为他们更容易以打动决策者的方式去解释为什么应该继续雇用他们。

你可能需要一段时间才能意识到，"价值"主要是一种驱动人类做决策的主观感知，大多数时候它无法被观测，而且很难被量化，直到决定做出后才能慢慢展现出来。价值观念最终决定了一个工程师在从事工程工作时能获得多少资金支持，这也是参与固定预算项目的人很容易忽略的，他们常常只顾钻研细节。仅出于此，阅读这一章也是有必要的。

以下是工程师创造、传递和维护价值的一些方式。图 15-1 和 15-2 说明了他们的表现是如何影响投资者的感知，进而驱动投资者做出工程投资决策的。

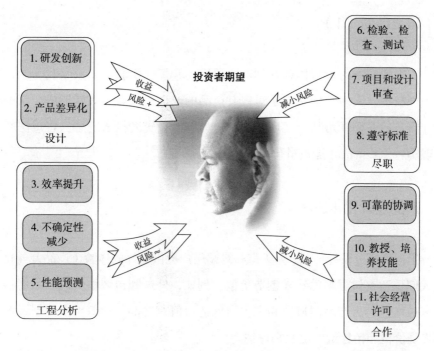

图 15-1　影响投资决策（"风险＋"表示额外感知到的风险；"风险≈"表示风险评估）

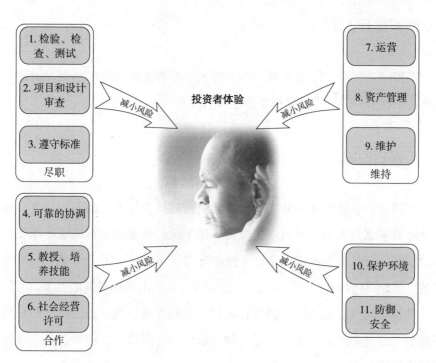

图 15-2　影响投资者体验和维护价值。这些工程工作有助于确保投资者、终端用户和社区相信预期收益

研发创新（1）

工程师创造的价值体现在创新、研究、开发、实验，以及专利、设计等知识产权中。大多数创新都是对现有产品的改进，只有少数能形成全新的产品或服务，开辟新市场，发现新商机。只有等投资者投入资金，将想法转变成现实后，其价值才能被量化。

产品差异化（2）

工程师通过设计产品，为买家和终端用户提供更好的体验（产品差异化），让人们乐意支付更多的钱来创造价值。例如，外观和包装精美的产品能够为零售店增色，为产品制造商和零售商创造价值，这部分价值可以根据顾客的可接受价格和销售量的上涨来评估。

效率提升（3）

工程师通过最大限度地减少人力投入、材料使用、能源消耗、健康风险和环境干扰来创造价值，降低工程工作的成本。

不确定性减少（4）

工程师们通过大量的分析、计算和实验来减少技术上的不确定性。他们以此降低了部分人力、材料、能源和环境干扰，确保以给定的成功率实现给定的结果。那些附加的保证条件常被称为"设计余量""设计系数"或"安全系数"。以某材料制造工艺为例，通过改进，生产出的材料缺陷变少，所以使用这种材料时可以采用较小的设计余量，因此为满足规定强度所需的材料用量减少了，进而产生了商业利益，如运输费用的降低。工程师就是这样创造额外价值的。

性能预测（5）

工程师利用多种分析方法，预测技术性能和商业业绩，以在较大确定性的基础上证明投资的合理性。工程师还利用分析方法识别风险和不确定性的相对重要程度，从而减少投资者心中的不确定性。这部分价值（如果有的话）同样只有待后续投资决策做出后才能被量化。

在大多数情况下，工程师需要进行预测，并辅以量化后的不确定性，以解释较大的数据差异。其余的数据差异必须以合理的假设进行说明和替代。

检验、检查、测试（6）

工程师还通过检验、检查和质量保证系统来传递价值。外部审计对于取信投资者和降低他们的感知风险至关重要。工程师传递的价值只有当项目全盘结束后才能见分晓，这要通过与其他因检查和质量保证缺失而失败的项目相比较来得出。

项目和设计审查（7）

工程师通过安排专家对项目计划及设计进行外部审查来传递价值。外部专家经常可以发现有重大潜在价值的遗漏。审查往往能促使工程师做一些额外的工作，比如检查早期预测的准确性，这些检查是在质量内部评审和正式文件检查之外进行的。同样，价值（如果有的话）只有待后续投资决策做出后才能被量化。

遵守标准（8）

工程师传递价值和减少不确定性的另一种形式是遵循技术标准，技术标准能引导工程师更迅速地提出正确解决方法。对投资者来说也降低了风险，有助于生成更大的价值。同样，价值（如果有的话）只有待后续投资决策做出后才能被量化。

可靠的协调（9）

工程师还靠协调工作来传递价值，即保持多名组织成员的集体行动与初始技术目标一致，减少误会和误解的产生。如果他们做得足够好的话，可以在时间和资源限制内实现预期的技术性能和商业业绩。

大型工程项目涉及人员众多，项目交付存在诸多不确定性。而可靠的技术合作不仅能在最终投资决策前通过取信投资者来创造价值，还有助于交付在投资决策中体现的预期价值。据对大型工程项目的业内估计，如果一个项目在 2/3 的时间内未能达到预期水平，那么其最终财务收益将不到投资者预期的 50%。因此，将有效合作带来的回报量化为项目投资价值的 30%~50% 是合理的。因为如果项目不能满足投资者的期望，不仅仅是收益低，还会损害各相关方的声誉。

这部分价值也只有在项目成功完成后才能被衡量，通过与其他因合作不力而失败的项目相比较而得出。合作问题是导致项目失败最常见的问题。

教授、培养技能（10）

工程师通过教学和培养技能来传递价值。大型项目的失败大多都来源于误会或误解，这可以通过工程师的适当教导避免。而如果投资者看到企业的技术水平很高，他们就会看重该企业的项目。

社会经营许可：与社区共同创造价值（11）

工程师通过全面的安全和环境监测来传递和维护价值。从本质上说，这些工程师正在创造和维护"社会运营许可"——即来自当地社区和政府监管机构的高度信任。如果没有这种信任，一家公司可能会遇到严重的监管障碍，甚至因社区抗议而关门。此外，工程师也在帮助维护安全和保护环境，而社会许可有助于提高投资者对项目或企业的评价。

工程师们与当地社区合作，培养技能，甚至让居民承担积极的决策和监督角色，以共同创造价值。企业的长期成功不仅依赖于商业业绩，也依赖于对其所在社区的贡献。

维持：经营、资产管理和维护（12）

工程运营、工程资产管理和工程维护（统称为维持）对于保护工程产品、系统和业务流程中的价值至关重要，这些都需要工程师们有精心的技术协调和其他协作能力。例如，一条天然气管道需要仔细规划、检查和维护。如果没有这些措施，管道的状况就会恶化，造成相当大的价值损失。

环境保护（13）

工程师通过保护地球这一人类家园的可再生和非可再生资源，以及将其他的环境负面影响最小化，来保护自然赐予我们的价值。这些行为同时也维护了社会经营许可背后的价值。

防御、安全（14）

工程师提供的许多产品和服务都用于限制或预防他人的破坏性行为，从而保护我们的社会及其百花齐放的文化与文明所积累的价值。即使一切风平浪静，价值仍然存在：第一，防御系统具有威慑价值，减少了实际冲突造成破坏的可能性；第二，在发生实际冲突的情况下，良好的防御设备会抑制破坏性行为，并减小持续破坏的程度。

让我们看看一个制造和安装电子火灾警报系统的小型工程公司是如何产

生价值的。他们将电子烟雾探测器和其他的火灾传感器连接到火灾警报系统控制面板上，面板中的微型计算机能对烟雾报警器做出响应，并拉响火灾报警器，向建筑物内的人发出警告。同时也将信息传递给当地消防队，并自动提供地址和方位，以便救援人员能迅速到达。仪表板上有一个带麦克风的公共广播系统，这样消防队到达后就可以向整栋大楼广播。面板内部将烟雾探测传感器、公共扩音机、开关电路、通信电路的线路连接在一起（如图 15-3 所示）。

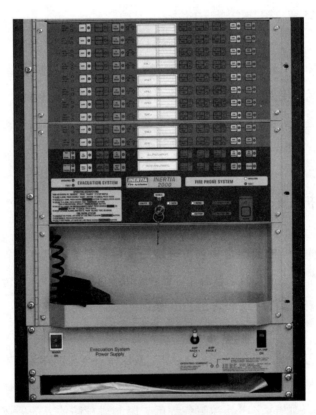

图 15-3　火灾警报面板

　　该公司制造面板使用的组件既有本地采购的，也有进口的。公司老板通过开发他的电线和电路板组装技能创办了这家公司，他的其他家庭成员在公司担任行政和会计职务。

　　作为这家公司的工程师，他们是通过下列方式生成价值的。

1. 产品和工艺的改进、研发，以及对未来发展的预测

工程师应时刻准备好进行产品升级或成本压缩，以防竞争对手以质量更好、价格相近或质量相当、价格更低的产品打入市场，并评估这种情况发生的可能性。他们通过防患于未然，降低由竞争产品夺走大部分市场份额的风险，来生成价值。

2. 合作

工程师优化合作方式和技术能力，以提供更好的服务质量。他们的价值体现在提高了客户满意度和消费者忠诚度，促进了公司业务的发展。

3. 研究业务发展和了解客户需求

工程师找到火灾保险公司，与其合作，证明公司的产品符合国际上的商业消防安全标准。因为客户使用经认证的防火设备可以降低保险费，因此得到资格认证后的公司得以开辟新的市场，从而生成了价值。

4. 成本监测、控制和降低

工程师需进行调查，并在必要时帮助调整公司的会计系统，以确保电子面板的各项制造成本、在客户现场进行产品维修维护的成本，以及维护或更换产品、服务设施和设备的成本可以被准确监测。通过精确的成本监测，公司得以提出技术改进方式以创造更多的价值，并能证明哪些已施行的措施在提高成本效率方面确有实效，这些都体现了工程师的价值。

5. 成本管理和减少不确定性

通过证明产品的各个方面及公司运营都符合国际标准，（若未来公司扩张，比起使用家族资金，工程师可以增加获得银行以）更低的资金成本放贷的可能性。当一家公司向银行申请贷款时，银行会仔细检查该公司的运营情况，而且通常会聘请工程师来调查，这部分工作是通过降低融资成本来生成价值的。

平衡价值生成与成本

我已经解释了价值观念是如何激励投资者（和终端用户）为工程产品、服务和信息花钱的。工程师可以强烈地影响他们的观念，从而生成价值，并转化为支付意愿。

当然，一家公司在财务上必须是可持续的，它必须能影响投资者的看法以吸引其投入充足的资金，并从终端用户那里赚取足够多的收入以覆盖运营成本。

因此工程师必须学会预测，并控制最终成本，以确保投资者和终端用户的期望得到满足。因此，下一个要学习的重要方面是成本估算。

量化价值生成

首先，回忆一下我们之前所讨论的，价值本质上是一种主观感知，并且每个人对价值的认识在不同的时间、环境和情景中都不同。因此，大多数价值无法被轻易量化，除非赞助商或投资者根据其主观感知提出相应的资金和有形资源，或各方就交换价值达成一致。因此，如何向赞助商、买家或投资者描述价值与生成价值同样重要。这只能通过与人交谈来评估，你需要仔细倾听他们表述背后的态度和看法，并注意到与感知相关的措辞的微妙变化。

风险其实也是感知。试想一下，汽车后座上的乘客常常不系安全带，而相对来说在飞机上不系安全带的人则非常少，尽管汽车事故的风险比飞机要高得多。由此可见，对类似的情景，人们在量化和感知风险上都有相当大的不同。

当然，对工程性能的预测必然以量化后的结果呈现。然而，价值感知可能会影响读者的预先假设，从而左右他们对预测的解释方式。

人与人之间的信任关系也会影响价值感知，事实上如果没有它们，大多数投资都不会发生。金融中心周围总是矗立着鳞次栉比的办公楼和住宅楼，这并非偶然，因为这样更容易安排人们的会面与交际，以建立投资所依赖的信任关系。所有这些关系都涉及不同的价值感知。

因此，为了保持简单易懂的风格，预测应当是定量的，并辅以半定量的可能性表述。而价值观念强烈地影响着这些预测的解释方式，并最终决定了投资水平或交换价值。

知识拓展

阅读财经新闻，了解在你的国家，哪些行业和公司创造了较多的商业价值，由此你可以发现有吸引力的职业方向，也可以借此学习一些金融语言。

阅读你所在行业知名公司的年度报告，有助于你学习如何描述商业价值，以及理解它们是如何生成的，这将引导你了解会计基础知识，同时阅读基本的会计资料也有助于你更好地理解年度报告。

第十六章

估算成本

工程的花费一向昂贵，因此能够准确估算成本，并在预算和时间限制内有效开展和协调工作的工程师能快速收获别人的尊重。你需要抓紧向业内经验丰富的人学习成本估算能力。

虽然估算工作隶属于工程方面的职能，但定价一般被归类为销售和营销问题。产品或解决方案的价格通常反映的是客户的预计支付意愿，即交换价值。因此，价格可能与估计的成本差别很大，并且为了获得投资收益，价格通常应高于相应的成本。但公司有时也会为了得到某一项业务而接受较低的价格，这是因为他们看到了之后更多有利可图的机会。

估算

估算工作是从规范、功能图、详细图纸等一整套文件开始的。估算人员以此创建完整的工程量清单（Bill of Quantities，BoQ）。工程量清单类似于物料清单（Bill of Materials，BoM），而"剥去了"所有如数量、尺寸、长度、面积、体积、质量等的相关细节。此外，估算人员还基于过去的经验或业内参考文件，获知了某些标准"比率"，以计算包括制造、储存、运输、安装和验收测试在内的所有事项的总成本。我们以某种管子为例，列举了几个比率：

- 定长剪切，0.21 工时；
- 管段斜切，0.16 工时；
- 熟练焊工焊接，1.5 工时；

- 安装，每米 0.82 工时；
- 每米 2 个管架。

　　这还不包括喷漆、修整和绝缘处理。但你也有可能找到其他的参考文件，上面只简单写道，在工厂中加工这种管子需要 0.82 工时 / 米。估算人员会在经验的指引下选择合适的比率。此外，你可能还会看到所谓的"增加"或"相乘"系数，一般都大于 1，这是考虑到了管子不易被运到或抬高到安装处的情况，以及其他风险状况而设置的。系数 1~2 大概适用于运输起重机、工具和人员分散在一个大型场地中的材料运输情况。系数 3~5 适用于偏远地点，8~10 适用于离岸工作，除此之外，在这些地方哪怕组织一个小项目也需要至少几万美元。

　　然而，还有相当一部分工作是无法通过上述方式进行估算的。可能图纸尚未完成，甚至设计本身还不完善或只有初步框架，这为估算增加了相当大的不确定性。粗略的估计可基于工厂产能、车道数、交叉口和公路长度、雷达天线尺寸和发射功率，或某些软件所需的计算函数、数据类型和数据处理能力区间。

　　思考公司赢得合同后可能将各项工作交给哪些分包商，你的大部分估算可能还得靠他们去实现。所以，经验丰富的工程师会参考各分包商过去的业绩，以提高估算的可靠程度。

　　估算人员还会估计"风险因素"，以覆盖相关的不确定性，而风险的相对大小左右了项目的开展方式。以下是四种可行的方式，可组合使用：

固定价格：经验丰富的公司或工程师能识别并估计风险因素，形成完成工作的固定价格；

费率表：对于尚未明确的工作，客户按约定的费率支付报酬；

成本加成：客户依据总成本和约定利润率支付报酬；

联盟：在项目结束前，公司和客户合并成一个组织，共享所有通常情况下的商业机密，并按约定分成。

在大多数情况下，客户会对某一项目面向多家公司"招标"，并提供关于价格和进度的详细书面材料，说明工作任务和质量标准。因此，在一份合同的签订背后，大多数工程公司想必都投出过4~10份带有成本估算的标书。大多数时候，合同在签订前还需要进一步协商，客户会多次要求重新估算，以比较多个选择。这部分进度一向是紧迫的，一般只有两周的时间来完成对复杂的设计和估算。而在准备投标时，协调众多分包商和独立设计小组的估算工作通常是最具有挑战性的。

进度、质量、任务范围和商业考量都会影响定价。如果客户要求的工期非常"紧张"，以至于需要非常仔细地予以规划才能避免延误，那么这部分要求就不能不反映在成本上。一些专业工作可能需要并行进行，因此承包商需在施工现场安排至少两支队伍以及多台起重机等特殊设备；如果需要夜间施工，还需要安排轮班①。

范围是可以协商的，如果设备过于昂贵，客户可能会接受较低的性能。你需要与客户讨论其实际需求，可能的话与终端用户或客户面向的顾客协作，通过排除工作范围中不必要的部分，有时候能节约不少成本。与设备供应商讨论客户需求也有助于降低成本：设备供应商通常清楚其他客户是如何更改规格并节约了大量费用的。

为了保持高质量而付出的努力也非常关键，例如，如果面临的是海上天然气加工设备，即使是喷漆作业也必须严格检查，以防高应力管道和结构因腐蚀而提前软化。严格的监督和必要的检查也会增加成本。

一位来自珀斯的工程师彼得·梅尔斯（Peter Meurs）就做到了仅用估算成本的2/3就建成了某铁矿的大型矿物加工厂，并且所用时间比计划工期还要短，其秘诀是安排业主和大型设备供应商在供应商的工厂举行会议。这样设备供应商能够直接了解业主的需求，并提出许多连加工厂的设计工程师们都闻所未闻的省钱和省时方案。

---

① 当需要有人在正常工作时间之外工作时，可安排轮班。例如，24小时的现场工作可安排为12小时两班制或8小时三班制。

人工成本

实际上，人工成本是最常在估算中出错的部分之一。

人们很容易把目光放在劳动力的直接薪水或工资成本上，即每周、每月或每年要给一个员工发多少钱。但更为重要的是，为了实现既定结果（用合适的工艺）我们一共需要花多少钱。产品或项目所需的土地、机械、能源和材料的成本往往更明显，而低下的工艺水平导致的材料浪费可能远远比人工成本更昂贵。

雇用一个员工的成本要远远高于他们的工资（或薪水），即"直接"成本。此外还有许多"间接"成本（类似直接成本和间接成本这样的术语常常有不同的使用含义，你最好问一下在你所处的环境下人们是怎么理解的）。

除此之外还有标准"附加成本"，通常按工资或薪水的百分比计算，具体比例取决于当地的规章制度。

- 年假和公共假期：6%~9%。大多数员工都有带薪休假，因此会有与休假时间成正比的额外成本。
- 病假和护理假：2%~3%。
- 雇主责任险：3%~10%。用于发生工业事故后对员工的赔偿。
- 养老金：3%~10%。
- 薪资税：3%~5%。

全部附加成本加起一般占总成本的25%~35%。

下面列举了一些间接成本：

- 行政、会计和遵守劳动法规成本：大约10%。
- 住宿（或租用空间），以及照明、供暖、空调上的能源花费：大约10%。
- 监管：10%~35%。主管的工作一般非常复杂并需要丰富的经验，在有些欠发达国家，监管成本可能是工资的300%~400%。

- 制服、个人防护装备：制服能传递某种自豪感和威望，从而提高生产力。
- 特殊工具、工作站、车辆、培训课程、交通、外出食宿以及非生产时间。

如果工作环境中包含不稳定的社会或政治因素，那么安全保障的花费可能是人工成本中最大的一部分。而如果因为保证安全干扰了工作，生产时间的损失也应被视为额外的成本。

员工的部分工作时间是花在安全简报、几个工作场所之间的往返、休息、吃饭、茶歇和去厕所等活动，这通常被称为"非生产时间"（相对于"花在工具上的时间"而言）。而且往往在休息时间或咖啡机旁进行的社交活动也被视为非生产时间，但正如我们曾观察和讨论过的，工程企业依赖分布式知识和协作，企业所需的知识是在相关工作人员的头脑中储存和转移的，而社交对此发挥着重要作用。因此，在社交上花费的时间其实是工作中重要的一环。

正常情况下，员工每周工作 38 小时，每年工作约 2000 小时，合理的估计是生产时间大约占 1500 小时（每月 125 小时或每周 29 小时）。

接下来，引入乘数调整对人工成本的估算，以涵盖足以影响个人生产效率的项目特定因素。例如，有轮班的项目通常需要一些人，尤其是主管，参与对下一班次人员的简单交接过程；时间紧迫的任务可能需要额外的劳动力在场，以确保任务按时完成；有时候清理工作现场会比较费时。

进一步来说，还有一些系数被用来指代意外情况造成的中断（如施工现场的潮湿天气）。

在低收入国家，当地工人由于接受过的培训较少，生产效率往往比来自工业大国的工人低得多，因此需要更长的工作时间。

对工程企业而言，人工成本，包括间接成本，通常不占大头。人工成本所占的比例从 8% 左右（低收入国家）到 15% 或 20%（工业大国）不等。其余部分是资本成本，包括设备、折旧、土地，以及材料、能源、运输和融资成本等消耗品。因此，劳动生产率取决于有效利用其他资源的能力。

许多人通过最明显的直接工资或薪水来感知人工成本，这种误解可能会造成严重后果。生产效率比起每小时人工成本要重要得多。

例如，使用大型推土机，每小时总共花费 150~200 美元，包括燃料和其他消耗品、维护、支持成本和租赁费用。此外，推土机的生产效率更多地取决于推土机手的技术，而不是推土机手的工资。其技术包括谨慎操作机器，以最大限度地减少用于维护的非生产时间，因此速度最快的推土机手不一定是生产效率最高的。许多需要用到大型昂贵机器的公司会雇用女性操作员，因为她们比男操作员更温和，能够节省更多停机时间和维护成本。

除了资本费用外，还有许多费用类别本书中没有提到。经验同样扮演着重要角色，经验丰富的工程师知道在特定情况下实现特定结果需要投入多少人力。估算是一项特殊的技能，估算专家对任何工程企业都是很有用的。

雇用你要花多少钱？

工程师的雇用成本对工程企业来说也很重要。

表 16-1 显示了在本书写作期间在澳大利亚的大致雇用成本，当然，实际上所在地区不同也会有所差异，而确切的成本取决于每一家公司的具体情况。不过在大多数情况下，各项成本的占比是大致相似的。

毋庸置疑，第一项是工程师的薪水，在本书写作期间为每月 6000~12000 澳元（按原书出版时的汇率折合 4000~8000 美元）。

其他项可详见表 16-1，以占薪水的百分比粗略表示。

最后一项（业务开发）指工程师会拿出多少时间支持业务发展，包括为公司赢得合同、帮助撰写提案以及为得到新项目而投标。对大多数高级工程师而言，这部分内容占他们工作时间的比重可能高达 40%。

根据名义上每周工作 38 小时和年假 4 周计算，工程师每年最多工作 1800 小时。如果再减去一周的病假以及个人卫生、工作休息和搬家时间（200 小时）、业务发展活动时间（300 小时）、来自主管的培训和指导时间（300 小时），还剩大约 1000 小时可用于"计酬式"工作，也就是项目的客户愿意为此付钱的工作。但在现实中，连 1000 小时也很难达到，因为并不是所有人每时每刻都能被安排足够多的事情去做。让我们乐观地假设，一位年轻的工程师每年会被安排为项目工作 900 小时，这意味着雇用成本必须能从客户为这 900 个小时支付给公司的钱款中收回。

表 16-1　雇用工程师的间接成本

项　目	百分比
工资税，雇主责任险	5%
退休金或养老金	10%
年假	8%
办公场所租金（大概）	15%
行政支持	15%
来自高级工程人员的监督和协助，第一年每天约 1 小时，之后约 30 分钟	33%
健康保险	2%
电费、水费	3%
差旅，住宿，参观工程现场，出席会议、销售研讨会等	15%
工程软件许可费	10%
订阅数据库、标准库和其他信息源	5%
业务发展，准备提案，协助其他员工进行演示	25%
合计	146%

如果工程师的月薪是 6000 美元（税前每小时 36.50 美元），那么覆盖了工资和上述全部间接成本后的每小时成本至少为 200 美元。加上利润后，客户需支付的价格大约为每小时 220 美元。

作为新手工程师，你需要意识到，你必须通过自己的工作创造足够多的价值，来向客户证明你的服务所要求的报酬是合理的。

但是这种很简单的计算，大多数毕业生和许多工程师却从未见过，因此也就难以理解为什么经理会关心他们是怎么分配工作时间的。

你应该保持自信，相信自己创造的价值至少不会比客户为你的服务支付的费用少。另外，在向客户收费时，要确保能覆盖你的成本，并留出合理的利润。这两项费用都容易被人低估。

低收入国家

在低收入国家的工作成本估算方法则比较特殊。你可能会为此感到惊讶，因为有些国家里的大多数工程工作要比发达国家（如澳大利亚、美国）昂贵得多。人们通常在极大程度上被误导了，以至于认为有些国家的劳动力是廉价的。下一章我们会解释原因，并详细讨论导致成本更高的因素。

第十七章

适应社会文化

尽管本章讨论的重点是低收入国家，但实际上社会文化对合作的影响无所不在。工程实践包含两条截然不同的主线，其一是利用工科知识进行分析和预测，这方面所用的原则和方法都大同小异；其二是组织有效的技术合作，确保所有活动都不偏离技术目标的初衷，以保证最终的成果完全达到预期，这方面则更为耗时。而只有适应当地社会的文化，合作才能持续下去。

文化是什么？本质上，它是人与人之间交往的习惯性方式。各个国家、地区、社区乃至公司，都有自己的文化，即"与他人共事"的方式。通常外来者能更清楚地看到其中的文化差异，但是，要能像当地人一样适应文化还有待时日。

20多年来，在印度、巴基斯坦等几个国家的亲身经验和实地研究使我了解到，比起富裕的国家（如澳大利亚），低收入国家的工程师要建立起同样水平的信任、知识共享和协作要更为困难。向专业的工程产品供应商学习更是困难得多，因为在这些国家，知识丰富的销售代理商太少了。此外，还有一些长期存在的误解，会对决策产生不利影响。因此，这些国家的大多数工程师生产力都比较低，因此收入也较少。他们所在的企业生产力大多也不高，这意味着生产出同样产品的代价要更加昂贵。例如，在低收入国家，能提供有效工作的电力价格通常要高出 3~5 倍。

但原因并不在于富裕国家的工程师更聪明、更有智慧、受到的教育更好或受雇的公司财力更雄厚。

在研究过程中，我惊讶地发现在印度和巴基斯坦，有一小部分工程师的收入比他们在欧洲和美国的同行还要高。渐渐地，我意识到这些"专家"工程师是学会了比其他工程师更高效地工作，他们的公司已无法承担失去他们的代价。因此，他们的薪水非常高，高到足以打消背井离乡去富裕国家工作的念头。他们自学的知识使他们面对南亚复杂的社会文化时能够游刃有余，这些很多都可以在本章和本书其他章节中找到，我之前出版的《培养专业工程师》中有更全面的阐释。

为什么这一发现如此重要？

这表示，在低收入国家成为一名高生产力工程师，并获得比在富裕国家更高的薪水是有可能的。在本章中，我将解释如何培养工程师具有类似的能力。如果低收入国家的大部分工程师都能掌握这些能力，我相信这些国家也会变得更加繁荣、可持续，且更具吸引力。

学习如何组织有效的合作是一项挑战。在长年累月的正式教育下，人们往往重视个人工作而轻视与人合作，本书所描述的专业工程协作方法在工程院校中很少被提及。面对在低收入国家有效组织合作这一更大的挑战，在本章，你可以学到如何克服它。

正在阅读本章的你可能恰好是一名在低收入国家长大的工程师；也可能你来自一个富裕国家但被指派到一个低收入国家的工程项目中；或者，你在一个富裕国家工作，但负责某项在低收入国家执行的外包工程工作。无论何种情况，本章都具有重要的指导意义。

有什么不同？

截至目前的研究表明，低收入社会与富裕社会（如澳大利亚、美国、欧洲等）的工程项目相比较，可归纳出八个显著差异。这些差异并不总是像它们第一眼看上去那样，其中有些是反直觉的。

例如，在低收入国家，许多工人看起来很懒惰且抗拒工作，如果没有主管在一旁监督，他们可能什么都不做。他们可能会投机取巧，或者即兴选择维修方式，用成本更低但不可靠的方式工作。有时他们看起来笨拙得无药可救。然而，让我们换一个角度，考虑到他们工作和生活其中的社会差异，这些反应可以被视为明智的选择。下面让我们从第一项差异开始。

1. 对权威的尊重

在大多数低收入社会中，工程师都象征着有较为优越的身份，但同时又不会身处社会阶层的顶端。在有些国家，几乎所有人都对社会等级制度俯首帖耳，这自然也反映在公司的组织结构中。作为外国人，你可能发现自己已经接近最顶层，即使有时候你看起来还是底层的一员。

当地人几乎全部无可逃离地生活在由宗族大家庭、朋友和熟人组成的庞大关系网中。等级制度、家庭和个人关系网共同织就了唯一的社会保障体系，能在个人发生不幸或丧失谋生能力时为其提供保护。求职者往往要先接近有影响力的人，有时还需奉上可观的报酬。大多数人离贫困只有区区一步之遥。因此，对社会等级和个人关系网的忠诚压倒一切，包括生产性工作。

在很多低收入国家之中，人们必须对权威人士尊敬有加。这通常意味着，比如，应当倾听长者发言而不能打断或提问。提问，甚至只是澄清某些事情，都有可能被视为无礼之举，甚至提问本身就意味着你没有全身心地领会长者的讲话。

若对方的回答可能让人尴尬或"丢脸"，这样的提问同样被定性为无礼。

这是我们观察到的常见现象，类似这样的文化禁忌会带来工作上的困难。

在南亚，即使是一位担任生产主管的年轻工程师，也比生产工人们具有更高的社会地位。他先是与经理会面，由经理告诉他白天的任务，然后他再简要告知工人们。其中，没有人会提问。

我曾在教学过程中学习到，大多数学生在课堂上学到的东西是非常少的，除非有人教他们通过笔记和提问理清知识。因此，当我看到在高级员工 15~20 分钟的发言中，没有任何人提问和要求澄清时，我几乎可以肯定，经理和年轻的生产主管之间必然存在许多潜在的误解，至于后者和生产工人之间的误解则更多。工人们敏锐地意识到了还有待解决的不确定性，他们其实足够聪明，知道无所事事的后果要好于做错事。因此，他们会耐心地等待主管的指示，并让昂贵的机器也一同闲置。这位工程师可能需要不停地跑来跑去，向每一个工人解释每一项小小的活动。在可见监督缺位的情况下，工人们一起放慢速度或停止工作是聪明的体现，因为明智的做法是等待别人来承担错误。第二天早上，经理要求提交进度报告时，这位年轻的工程师只能以沉默应对，他不会说明原因。经理知道坚持索要进度报告也会让自己丢面子，便也缄默不言，事情由此结束。

有几种方法可以克服这些困难，它们都需要坚持不懈地努力。

第一种，教导。工程师通过培养工人的信任感和自信心，让他们意识到自己能带来有价值的贡献，而非潜在的尴尬，逐渐教会他们提问和提出建议。这就要求工程师在工作场所倾听工人的声音，学习他们的语言，即后者在日常对话中使用的词汇。信任是通过物理接触和深入的面对面交流建立起来的，但这些交流往往与现场工作无关。

第二种，鼓励工人详细地、逐步地解释他们认为需要做的事情，也是发现潜在误解的一种方式。同样，这需要工程师花时间仔细倾听。

第三种，尽量减少工人流失。现在仍然有很多公司雇用"日工"，给他们较低的薪水，并只需要他们工作几个月。之所以出现这种情况是因为公司想将每小时的直接人工成本降到最低，因为在政府或工会的规定下，他们要付给长期工的工资要高得多，所以他们认为长期工是"昂贵"的。我们接下来会解释这其中的误解。

第四种，采用匿名提问和提议的方式。例如，让一组工人将问题或建议写在纸上，然后随机抽取一张或多张。

2. 穿越社会权力的迷宫

第十二章解释了工程师是如何利用非正式的工作关系，促成权力链条之外自发且精诚的合作，以达到工作目的的。因为一味依赖组织或管理权力不但会误事，还会造成误解。

然而，在有些低收入国家，社会等级和社会影响力中的种种链条盘根错节，不但会阻碍合作，甚至会逾越组织的权力链。

社会阶层差异是重中之重。一个人无论多么乐于合作，如果那些拥有更多社会权力的人没有表示首肯或默许，他可能也会以失败告终。社会权力一般来自人们从属的强大家族、氏族、部落或社会阶层，甚至来自以往的错误行为、对正式规定或非正式社会规则的挑衅，乃至关于挑衅的谣言——那些无形但深刻地被集体铭记的羞耻记忆。

要在与人们的日常闲聊中理解这座社会的影响力迷宫确实得花费大量时间和精力，不然你只能每天一遍遍地打电话，去促成哪怕是带有不确定性的合作。如果不能想办法穿过迷宫，获取所谓权贵的帮助，那你需要付出多得多的时间和精力来寻求协作，还会经常面临失败。

3. 对人工成本的误解

大多数人想当然地认为低收入国家什么都廉价。他们可能联想到工人的每小时工资，或者回忆起在低收入国家的旅游经历，由此发现，比如说去餐厅吃饭和打车，和他们的家乡相比简直便宜得惊人。

但在工程活动中，更合理的思考方式是比较为了达到同质量、同可靠性、同耐久性的给定结果，所付出的总成本。

以人工成本为例。

在上一章中，我解释了人工成本的各组成部分。我还指出，我们必须考虑整体生产率，因为在许多工程企业，机械、材料、能源和土地成本往往占主导地位。

在低收入国家，每小时付给工人的工资通常是总成本中最小的一块。表17-1取自2014年前后某低收入国家的一个真实项目，表中也说明了这一点，间接成本与之相比要高得多，而最高的是监督工作带来的成本。

如上文所述，如果没有有效的监督，真正有用的工作将难以完成。

良好的监督不仅意味着管理他人的工作，并在必要时为避免出错而予以干预，还要求主管计划工程活动，保证工具、材料和信息在正确的时间和地点可用，以确保工作不间断进行。他们默默地培训人员并提供指导，以充分利用现有资源。他们全力领会工程师的需求，并将其翻译成工人能够理解的语言。他们运用多年的第一手经验，能够及早预测问题并规避。

在一些低收入国家，许多公司雇用刚毕业的工程师担任生产主管，大大低估了该岗位所需的技能水平和经验。这是导致生产力低下的另一个因素。

由此可知，人们感觉的低人工成本常常被证明是误解，可能会引起许多不恰当的决策。例如，许多发达国家的公司试图将工程工作外包给低收入国家的公司，结果发现总成本远远高于他们的预期；如果考虑到所有的间接成本和机会成本，通常比在本国的成本还要高。低收入国家的公司常雇用过多的员工，有时是为了尽家族义务而为亲戚提供工作，其结果是主管负担过重，而生产力整体上降低了。

以下是低收入国家工程项目的每小时人工成本（美元），根据 2014 年的成本调整得来。这些计算基于研究札记，不含利润。注意，监督成本占人工成本的 50%，而直接工资（带附加成本）仅占总人工成本的 12%。

表 17-1　每小时人工成本计算示例

项　目	外派技工（来自工业化国家）	本地技工	本地劳工
直接成本			
每小时工资（带附加成本）	80.00	7.00	6.00
间接成本			
招聘	4.00	0.30	0.20
监督	25.00	25.00	25.00
培训	2.50	1.20	1.40
非生产时间	8.00	0.70	0.70
现场维护	2.00	1.00	1.00
个人防护设备	0.80	0.80	0.80
车间设备	4.00	1.00	1.00

项　目	外派技工 （来自工业化国家）	本地技工	本地劳工
小型工具及消耗品	6.00	2.00	2.00
轻型车辆	9.00	5.00	5.00
现场办公室管理费用（照明、电力、急救、安保）	2.00	2.00	2.00
住宿	8.00	——	——
间接成本合计	71.30	39.00	39.10
管理费（直接成本和间接成本之和的10%）	15.13	4.60	4.51
合计（美元）	166.43	50.60	49.61

我们预计，在质量和耐用性标准类似的情况下，大多数工程活动的总成本要远高于澳大利亚或美国等发达国家。

4. 文件和组织程序

发达国家的工程师经常抱怨他们需要遵守过多的组织程序。然而，程序和流程能强制人们协作，确保信息在需要它们的人之间传播，并留下足够的记录。遵循组织程序有利于拥有充足的知识、能做出最佳决策并预见未来问题的人在合适的时候提出建议。程序是过去经验的体现，凝结了有效组织技术合作的经验教训。

但在一些低收入国家，许多公司在工程方面的程序都十分简单，甚至除了采购审批之外根本没有其他程序。

你可以询问配置管理之类的问题，看看是否存在程序以确保每个可能受影响的人都参与检查设计变更；设计变更（或不变更）的原因是否被系统记录，并且需要这方面信息的人能否找到它；寻找全部设计变更的历史记录，看看相关的文件、规范和图纸是否被放在合适的位置以供查找。

制定程序看似简单，只需要规定一系列行动并形成检查表即可，然而这只是最容易的部分，困难之处在于确保每个人意识到该程序的必要性，并产生足够的动力去接纳和遵循程序，而不是被迫接受。因此，他们需要参与到制定程序、协商细节以及决定运作方式中去。这也会花费工程师大量的时间和组织精力。

相比于其他程序，建立并维护细致的文档通常是令人头疼的管理要求。然而，业内领先的工程公司都已经意识到文档管理能力对提高生产力的作用。例如，有效的质量保证正与此相关。

在一些低收入国家，大部分员工阅读普通工程文件和图纸的能力有限，因此形成适合他们阅读的文件可能没那么容易，但绝对有必要。

5. 语言障碍

工程有自己的语言，那些常用单词到了工程语境下往往具有完全不同的含义。例如，"Washer"对机械工程师来说指的是扁平的金属环，而对其他大多数人来说是指洗衣工或洗衣机。

在许多国家，工程公司中的体力劳动者与工程师所说的语言截然不同。因此，主管还必须充当翻译的角色，这在语言混杂的环境中更具有挑战性。例如，在印度，同一句话中可能夹杂着英语、印地语和各地方言，人们经常从一种语言切换到另一种语言，并带有不同的口音，似乎没有规律可循。听者必须能听懂不同的语言，然后才能领会其含义，这就增加了翻译的不确定性。

我们经常会发现，我们熟悉的如"平均""概率"这样的工程概念根本无法被转换成不同的语言。面对这个问题，翻译者（通常是主管），需要决定如何描述那些对工程师而言重要的想法，可能换一种完全不同但符合听者文化的方式。

当然，大部分意思会在翻译过程中丢失。

当地工人可能说不了一两句英语并且受教育程度极低，但几乎可以肯定的是他们并不愚蠢。然而，他们可能已经了解了，假装愚蠢可以有效地避免承担责任，减少因误解而犯错误的可能。我的经验表明，一旦给他们合理的动机，他们就会自觉地努力工作，但达到这一点需要时间和耐心。

6. 集中决策

对于一些低收入国家的工程师而言，采购是常见的痛点，甚至在某种程度上这一点放之四海而皆准。工程师需向专业部门提出需求，由部门成员组织物资和材料采购，而他们中间很少有人有技术背景。

公司一般都有自己偏好的供应商，并且因为业务往来较多能享受价格折扣。因此，最终拿到手的零件或材料可能与工程师推荐的有所不同。采购部门喜欢寻找最便宜的替代品，这就是他们的工作——最大限度地降低材料和组件的采购成本。然而，等到了生产过程中，最便宜的组件往往导致出现最昂贵的问题。

因此，聪明的工程师学会了如何与采购人员展开有效合作，结交采购人员能为自己带来帮助，提供详细的规范也同样有此功效。例如，工程师可能了解到，从某专业供应商处购买某特定部件，要比市面上最便宜的价格还昂贵得多，放诸全寿命周期其成本是最高的。聪明的工程师会要求专业供应商提供规范文本，使采购专家得以排除某些低成本的替代品；或许也有必要设置低成本替代品无法通过的验收测试程序来强化效果。

学会适应而不是对抗集中决策，你的生活能更轻松点儿，尽管在这一过程中你需要付出时间去准备。

7. 获取财务信息

如果对经济约束和商业优先级有一定的了解，你会更清楚如何为公司创造价值。在一些低收入国家，特别是在南亚，极少有工程师会被人信任并委以经济责任或询问财务细节，除非他们自己就是老板。

除了少数心腹，公司的所有者不愿意向任何人透露其真实的财务状况。他们中的某些人与当地税务人员沆瀣一气，给出一套利润大幅缩水的"官方"账目，以最大程度减少纳税。当然，这项服务是收费的，与少缴税款成正比。另一部分则是不希望股东，甚至是家庭成员，了解公司真实的财务状况，以避免其要求额外回报。

出于上述原因，一些公司并没有遵守公认的会计准则，结果导致连公司所有者也有可能不清楚真实的财务状况。例如，他们可能不计算负债（如资产折旧，应支付给退休人员的累算权益，或因公司运营受污染的土地或地下水未来的补救成本），这些都有可能导致利润被显著高估。

因此，为了创造真正的价值，提出现实的改进方案，工程师需要估计公司的实际财务状况。供应商可以提供能源、设备和材料的价格信息；人工成本、工资和管理费可以参考第十六章内容进行估算；只要公司的产品还在销售，即使真实售价是保密的，询问竞争对手的产品成本也有助于估算公司的收入。

8. 向专业工程供应商学习

专业工程供应商在工程实践中发挥着关键作用，工程师从他们那里学到大量关于组件、软件和材料的专业知识，使工程活动顺利进行。大多数学生在学校只见过一些基本的材料和组件，等他们毕业时那些信息很可能都过时了。

作为一种营销方式，专业供应商投资了许多培训活动。销售工程师作为制造商代表，为组件和材料的使用者提供培训，而且通常会传授实操经验。在低收入国家的一个主要问题就是此类供应商很少，即使有的话，可能得靠一两个销售工程师跑遍全国甚至出国才能参加。这意味着低收入国家的工程师几乎不可能从这种潜在的教育资源中获益。

某些公司能提供广泛的线上学习资料，可能有助于你积累产品使用的专业知识。另一种替代方法是尽可能多地参加展销会，与供应商代表面对面交流，许多供应商只派代表到低收入国家参加某个特定的展销会。

那些有可能成功的产品

移动电话系统几乎已成为遍及所有国家的商业成功案例。考虑到大多数工程活动都会遇到的困难，人们不禁要问，为什么即使在水电等公共设施都不完善的地方，移动电话还能取代老式的固定电话系统？

在研究中，我们发现，手机和其他产品（如汽车、自行车等）之所以能取得成功，是因为在实施过程中不需要工程师、技术人员和工人展开广泛的技术合作。此外，就手机而言，信息技术系统能保障支付安全，并在用户、投资者和政府之间建立信任关系。

因此，在未来，通过手机提供可信融资和电子支付的新兴系统将有可能催生新一代设备，这些系统可能会改变低收入国家的工程活动。例如，昂贵的设备可通过租赁体系提供，农民也可以通过手机定期支付租赁费。随着低收入国家的人们对手机的依赖程度越来越高，将手机与还款挂钩，为提供贷款购买服务以促进销售的公司加强了安全保障。

从价值生成的角度思考

在我对印度和巴基斯坦的专业工程师的采访中，浮现出了一个共同的主题：他们经常从价值生成的角度解释自己的行为。

在做每一个决定时，我会思考：这将如何证明他们给我的薪水是合理的？

第十五章已经解释了工程师是如何生成价值的，重读此章，可以寻找你在企业中创造价值的机会。

实打实的进步需要坚韧和耐心，尤其在低收入国家，企业需要时间才能做出肉眼可见的改变。小的改进比大的改进更容易。一旦你因为改变而带来了实际的进步，你收获的口碑会让你在谋求更大的改进时更容易获得基本资源方面的支持。

最终，伴随着一系列成功，你将成为企业中的关键人物。但是，为企业生成额外价值也不必然带来金钱收益，你需要提出涨薪。在此之前，你需要确保公司的收入足以支持涨薪。如上文所述，如果无法接触到详细的财务信息，可能需要自己来估算。一旦你对企业能够支付更高的工资有了合理的信心，就可以提出合理的要求，从你努力创造的额外价值中拿走公平的份额。

如果没有获得适当的涨薪作为奖励，可能是时候寻找其他机会了。试着向同行透漏你正在考虑其他公司伸出的橄榄枝。最后，你应该能找到一份薪水合适的工作，并做好离开的准备。如果企业真的重视你的贡献，他们会确保给你足够的钱，以打消你离开的念头。如果他们做不到这一点，从长远看，最好是另找一家能正确评价你的贡献的企业。

外包

许多富裕国家的工程公司和项目管理者会将工作外包给低收入国家的公司，因为他们觉得这样会更便宜。在大多数情况下，他们会在一段时间后失望地发现，要么实际上比预期的花费更加昂贵，要么工作质量比较低。有效的协调需要经验丰富且工资较高的工程师，而且通常耗时比预期多得多。其实外包是可以成为一种有效的临时方式，以在长期维护费用过于昂贵的情况下发挥作用。实现经济高效的外包是有可能的，但这通常需要有足够的耐心，因为摸索最佳的沟通和协调方式需要时间，分处两地的工作也是如此。

机会

一旦你可以成功地驾驭社会文化，低收入国家将向你展现最令人惊喜的机会。因为那里的大多数工程产品和服务成本都很高，如果你清楚如何降低成本，就可以充分利用这些机会，将当地文化转化为你的优势。

世界正需要你这样做。

这个世界还有许许多多的人在渴望美好的生活，人类世界的可持续发展取决于我们共同的抉择，我们将在下一章予以学习。

扩展阅读

《培养专业工程师》第十三章［*Trevelyan, J. P. (2014). The Making of an Expert Engineer. London: CRC Press/Balkema - Taylor & Francis, Chapter 13*］

第十八章

可持续发展

一直到 21 世纪，工程师都被培养在无限资源的模式下工作：水总是可用的，废物可以自由排放。但现在我们必须正视资源限制。作为一名工程师，你的工作是在人类向真正的可持续发展过渡的过程中，帮助重建人类文明工程，工程师也是实现这一目标最具影响力的群体之一。

直到前不久，还很少有公司会在没有进行商业量化、保证盈利能力的前提下，投资能提高环境可持续性的工程。但现在，大多数业内领先公司都要求工程师寻找可持续解决方案，减少甚至消除温室气体净排放，提高能源效率，最大限度地减少自然资源消耗，最好还能保持利润增长。这些公司发现，人们愿意花更多的钱购买真正践行可持续发展原则的企业的产品，他们还知道，每一次与气候变化相关的自然灾害的发生，都会使政府以不可预测的方式加强环境监管。实现经济长期可持续发展意味着预测这些变化，而那些无法跟上节奏的公司会让出盈利机会。

尽管政客们普遍对新时代变化反应迟缓，但还是有一些人看到了改变的必要性。银行正越来越急迫地寻找投资对象——那些可持续发展的项目。他们知道，现在的社会工作者可以从网上买到便宜且灵敏的仪器，如果这些人发现有毒废物排放并提供消息给全世界的媒体，记者很快就会追问项目从哪儿弄来的资金。银行担心，富裕国家的消费者抵制活动会损害其声誉，阻碍他们投资新项目。事实上，现在燃煤发电机项目已经拿不到银行贷款了（银行要求这些贷款必须在短短几年内还清），理由是很可能再过几年，这些设备的运营就会被严格限制。

工程院校无法很好地教学生应对这些变化，除非你是个超级幸运儿。因为教职人员往往很难与时俱进，但更深刻地理解人类的行为和影响力是成功的关键。大多数工程院校不教或较少教授可持续性发展是如何由人类行为和技术共同塑造的。无论何时何地，我们的每一个决定都会影响可持续性，包括开关空调、要不要买车或如何设计建筑等。

此时此刻，轮到你作为一名工程师将个人奋斗融入这一巨大转变中。它将以一系列小小的进步，呈现在你接下来三四十年的职业生涯中。这是工程师最光彩夺目的一代，世界正呼唤你的工作，你需要展现你的成果，但大学往往对此置若罔闻，这就是为什么这本书如此重要的原因了。

这一转变的一个方面是消除温室气体净排放，温室气体包括二氧化碳（CO_2）、甲烷（CH_4）等。

气候变化

2015 年 12 月份达成的《巴黎协定》是为了充分限制温室气体排放制定的，目标是尽可能将温度上升幅度限制在 1.5℃左右，不超过 2℃。与会代表还要求政府间气候变化专门委员会（Intergovernmental Panel on Climate Change，IPCC）就全球平均气温较前工业化时期上升 1.5℃和 2℃的影响进行比较并出具一份特别报告（如图 18-1 所示）[1]。

---

[1] 来自 IPCC2018 年评估报告中的《决策者摘要（Summary For Policymakers）》，见：Global Warming of 1.5℃. An IPCC Special Report on the impacts of global warming of 1.5℃ above preindustrial levels and related global greenhouse gas emission pathways, in the context of strengthening the global response to the threat of climate change, sustainable development, and efforts to eradicate poverty [Masson–Delmotte, V., P. Zhai, H.–O. Pörtner, D. Roberts, J. Skea, P.R. Shukla, A. Pirani, W. Moufouma–Okia, C. Péan, R. Pidcock, S. Connors, J.B.R. Matthews, Y. Chen, X. Zhou, M.I. Gomis, E. Lonnoy, T. Maycock, M. Tignor, and T. Waterfield (eds.)]

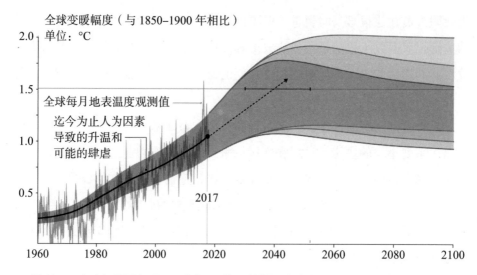

图 18-1　全球变暖预测，显示了随着不同的预防措施逐渐生效在不同气候模型下的升温幅度

研究结果表明，升温 2℃将给全球生态系统带来不可逆危机，该风险是人类无法承受的。因此他们建议提前设定排放上限，将变暖控制在 1.5℃内。

图 18-2 中的时钟显示了我们如今所处的位置，我们必须在午夜前调慢时钟，才能留出更多的调整时间。

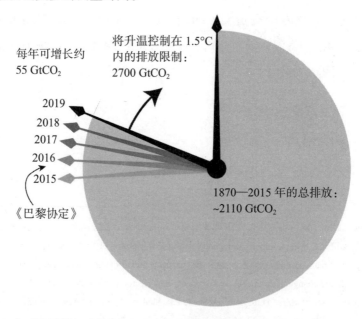

图18-2　1.5℃升温倒计时。当分针指向12点时，我们可排放的温室气体就到头了。想要把时钟调慢，需要减少排放

如图 18-3 所示，人类需要立刻减少向大气中排放二氧化碳和其他温室气体。

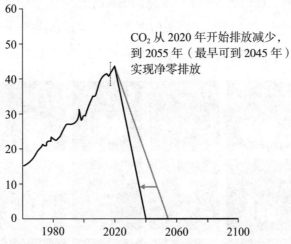

图 18-3　IPCC 关于实现 2045 年净零排放的减排建议，否则我们将需要从大气中捕捉温室气体。但迄今为止，人类还未实施任何大规模解决方案

　　提高效率能源，使用更少的材料和能源达到预期效果，可以贡献高达一半的减排量，同时为每个人节约金钱和精力；剩余的减排量则来自发明出能完全消除温室气体排放的新方法。

　　这里需要强调的是，全球变暖控制目标只是基于 50% 的概率制定的，在气候模型中仍存在诸多不确定性。通常情况下，如果保持在某一环境限度内的概率只有 50%，工程决策者会视为风险不可接受，他们要求的是 99.99% 的成功率。然而，根据现有的最佳模型，我们的碳排放已经超过了能以 90% 的概率使升温限制在 1.5℃内的排放量。

联合国可持续发展目标

　　不过，可持续性还有许多其他方面。2015 年，联合国通过了 17 个"可持续发展目标"（Sustainable Development Goals，SDGs），涵盖了人类文明和自然环境的各个方面，如确保塑料垃圾是生物可降解的，保证清洁，不污染空气和水，减少不可再生资源的消耗，同时改善每个人的生活。那些有助于实现可持续发展目标的项目正不断吸引越来越多的投资。在富裕国家，重点是减少资源消耗，回收废物再利用，以及更多地利用可再生资源中可以被自然环境重新吸收的生物质材料。在低收入国家，重点仍是提高生产力，这与我们在本书开头对工程的定义相呼应：用更少的资源做更多的事。我们最终会想出许多更便宜、更安全的解决方案，并好奇为什么没有早点着手改变（如图18-4所示）。

图 18-4　联合国可持续发展目标

　　未来，许多工程师面临的挑战是帮助客户在新世界实现信心的飞跃，而不是简单地依据最低环境许可选择成本最低的方案。

克服变革阻力

　　如果公司对可持续发展的必要性视而不见，那该怎么办？

　　工程师在健康和安全标准方面也面临着类似的挑战，尤其是在中东和亚洲的一些国家。业主热衷于将自认为不必要的费用降至最低，特别是当竞争对手也在这样做时。

　　这将把工程师置于道德困境中。当他们意识到公司的做法（即使是合法的）会带来严重的环境或健康风险时，他们有道德义务告知当地社区，帮后者认清未来状况；然而，这些信息通常被雇主视为商业秘密，因此工程师可能因此被解雇甚至起诉。在一些地区还存在非法报复情况，有权势的人为了阻止信息进一步披露，会指示暴徒殴打记者，甚至其家人也会面临威胁。

在这种情况下，除了辞职外，工程师并非没有其他选择。当然，有一些解决方式还可能改变技术或商业惯例，大大造福公司、社区和地球。

下面我们举一个例子。21 世纪初，布里斯班一家食品和饮料加工厂的工程师发现了一个回收废水的机会……

经过多年的努力，我们终于说服了管理层安装一个反渗透装置，以回收工艺用水，此举大大降低了消耗，也显著减少了排入废水中的生物养分。这两项都在很大程度上改善了环境可持续性。为此我们花了好几年时间去研究，因为管理层在 25% 的投资回报率上不会妥协。在最终获准前，我们尝试了多种方式。而在安装反渗透装置之后，有一段时间，由于干旱，城市供水量急剧减少，我们的竞争对手因为需要消耗大量的水而不得不关闭生产线。为了维持市场地位，他们只能进口产品再亏本出售。而我们得以满负荷生产并获得了巨额利润，对反渗透装置的投资得到了几倍的回报。现在回想起来，那时我们应该以水资源限制作为提议的基础，就会更容易被接受了。

这一案例，还有其他类似的案例都表明，可预见但不可预测的事件有可能彻底改变商业优先级，并证明了工程师可以从风险管理，甚至是谋利机会出发，提出改善健康、安全和环境标准。这需要持之以恒的坚持，因为大多数企业负责人需要时间才能意识到商机。前文中的图 4.1 有助于你理解他们的迟疑，有些人得好一会儿才能注意到右图中有只狗，还有许多人如果没有别人提醒自己永远看不出来。

大多数商业决策都假设今天的经济状况可以代表未来，然而，最近的历史研究表明这是错误的。如今澳大利亚的通货膨胀率约为 1.7%，在我毕业后的第五年，通货膨胀率从 3% 上升到了 18%！今天的住房贷款利率约为 4%，但 1989 年是 17.5%。今天的油价约为 20 美元，我刚动笔写这本书时则高达 60 美元，在之前，还曾经从 2002 年的 25 美元上升到了 2008 年的 145 美元（如图 18-5、18-6、18-7 所示）。

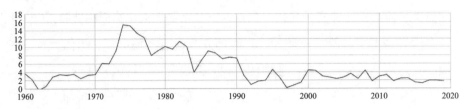

图 18-5 澳大利亚零售价格通胀（数据来自世界银行，获取于 2020 年 4 月 10 日）

从初始讨论开始算起，大多数工程项目需要约五年时间才能完成，这几张图展示了这一段时间能发生多少变化。此外，我们还预计，在未来几十年会出现更多监管上的变动。最近在澳大利亚发生的丛林大火和新型冠状病毒暴发等灾难都将迫使政府改变政策。因此，对变化进行预测是有意义的——面对经济、监管和环境变化，那些具有可持续性和弹性的项目将为其所有者带来更稳定的投资回报。

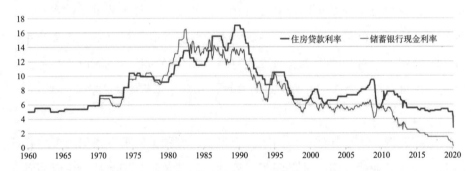

图 18-6 澳大利亚利率（数据来自澳联储）。请注意，随着时间的推移，政策变化已经改变了隔夜现金利率和住房贷款利率之前的关系（现金利率数据来自 https://www.rba.gov.au/statistics/historical-data.htm，贷款利率数据来自 https://www.loansense.com.au/historical-rates.html，获取于 2020 年 4 月 10 日）

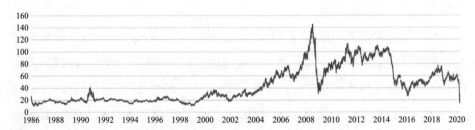

图 18-7 自 1987 年以来的美国原油价格。就在创建这张图表几天后，其价格短暂暴跌至负值（http://www.eia.gov/，获取于 2020 年 4 月 10 日）

可再生能源

能源供应将成为工程最大的变数之一。一个多世纪以来，工程师们一直依赖化石燃料和供电系统，以稳定、可预测的价格获取廉价的能源。而现在，在澳大利亚和许多其他国家，最便宜的能源已经变成了风电和太阳能电力，但其供应并不稳定，价格可能在几小时之内变化 1000 倍甚至更多。因此，聪明的工程师正在设计系统，以在白天使用廉价的太阳能电力（价格可能为零甚至有时降至负值）。选择之一是以可变速率运行的程序，一旦能源供应减少、价格上涨，则减缓速率；之二是设计程序以储存廉价能源，储存形式有多种，例如，当可获得廉价的太阳能电力时，可令某海水淡化装置全速运转，产生淡水，多余的淡水储存在水库中，以待电费高昂时使用。此时，储水就相当于储电。电解槽可以用水产生氢气和氧气，氢可以像液氨一样远距离运输，并借助特殊的膜层在需要时作为燃料释放。

提高效率、新的想法或改变行为？

效率的提高很容易带来改善，并通过节约能源和材料获利。然而，光靠提高效率是不够的。

若能产生新想法，并与几个世纪以来的老想法相结合，可以带来更大的改善。形成的解决方案，如用于冬季取暖的电热毯，或用于夏季降温的风扇和个人空调，都可以在极端温度下提高人们的舒适程度，且比起给整栋建筑加热或降温，使用的能源和材料要少得多。如今低效的建筑供暖和冷却系统消耗了整个世界 30% 的能源，却只能给一小部分人带来舒适。一旦我们放弃加热或冷却整栋建筑，一些老式的、成本更低的、所需材料更简单的建筑方法将再次大行其道。

虽说如此，可持续发展归根结底还是依赖于人类行为。那些最常见的共享资源，包括大气、海洋、地下水，甚至森林和牧场，都必须由人类共同管理。政府监管也能影响人的行为，特别是有效的监督，能加强执法和遏制自私行为。工程师扮演着重要的角色，通过部署结合了卫星和全球通信系统的分布式传感器网络，可对环境共享资源进行监测。这样，即使大多数低收入国家和人口稀少地区的政府治理缺位，对自然环境的精确监测也能提供所需的数据，推动社区层面进行应对，并使非政府组织组成的全球网络对"流氓玩家"实施有效制裁。例如，earth.nullschool.net 等网站提供了越来越多有价值的污染物（SO_2 等）数据，现在 CFC 制冷剂的排放也可以从太空中进行监测。

移动电话已成为金融交易的可靠渠道，特别是在低收入国家。因此，只要我们能预测共享资源的容量，带有传感器网络的移动网络系统就可以为共享资源提供管理手段。事实证明，移动网络非常有效，且无须耗资巨大的社会机构（如大量警务）来阻止用户拖欠付款。

我们已经知道，澳大利亚原住民通过控制燃烧的方法管理了一个人口稀少、土壤相对贫瘠的大陆至少 5 万年，其中展现的卓越的可持续性在一定程度上反映了他们的文化。他们的文化中对"国家"的概念，即一个部落所占领的区域，与其他文化有很大不同："国家"不仅包括土地、地下和领空，还包括生活其中的人类居民和动物。因此，对"国家"的任何干扰也是对人的干扰，因为它是一整个有机体或系统。而在大多数文化，尤其是我们身处的西欧文化中，"环境"与人类是分开的。当人们谈论污染环境时，往往忽略了其中的联系，即我们在制造污染的同时，也在污染自己。

当然，在人类文化能够接纳这种联系之前，只靠等待是不现实的：必须在未来 20 年有所行动，工程解决方案至关重要。

机遇

虽然新技术可以发挥作用，且在某些时候必不可少，但我们必须认识到，一项新技术从最初的展示到被大规模应用通常要三四十年。因此，实现可持续性转型主要还是依赖现有技术，其中门类繁杂，以我所能也仅仅是在最后一节为大家举几个有趣的例子。

在思考可持续发展方案时，绝不能忽视当下的不平等现象，而比起由政府引导财富转移以抵消其中的财富不平等，某些能够减少甚至消灭不平等的商业解决方案（例如手机）可能更具有可持续性。

现在居民购买自来水还要靠人工抄表和中央政府机构强制收费。在低收入国家，自来水管网大多长期处于"螺旋式下行"状态：受水污染和糟糕的服务质量所困，用户已经不想为此付款；而日常维护又因低收入、财政紧张和工程生产力（Engineering Productivity，EP）低下愈发不堪，导致污染更严重、服务更糟糕。用户只能花更多的钱购买别的安全饮用水，如 20 升瓶装水，结果是整个南亚的安全饮用水成本足足达到了澳大利亚等富裕国家的 10~30 倍。

将其替代为结合了传感器网络和移动电话支付系统的体系则具备商业可行性，且有望以与富裕国家相当的成本为居民提供安全饮用水，其背后是巨大的改善能力和无限商机。

此外，无下水道厕所的出现也可以缓解目前的浪费——我们使用了大量净化水，仅仅为了将人类排泄物送到处理厂。一些新技术正在测试中，乐观估计有望在未来 10 年大规模推广。

虽然冷冻设备和塑料包装在很大程度上减少了富裕国家的食品浪费，但现在塑料污染又成了令人头疼的问题。而在低收入国家，由于储存、加工和分销环节的大量浪费，他们必须种植远多于食用量的粮食。最有效的解决方案是开发生物友好型食品包装技术，以便在避免长期污染的前提下适当保存食物。

依赖于移动支付系统的现收现付技术可以使农民和小企业主购得昂贵的制冷系统，进一步减少食物浪费。在富裕国家，人们对银行融资已经司空见惯，而这要依靠一群遍布于成本高昂的零售银行支行网点的高技能人才；但是，在低收入国家，受过高等教育、能提供此类服务的人是相当有限的。

只有当你以更广阔的视野去考虑技术应用的普遍场景时，你才能发现最诱人的技术进步的机遇。理解文化、经济、社会、政治以及技术信任因素，会带来变革性创新。然而，这种"跳出框架"的思考能力必须结合系统工程方法，以确保所有的技术细节都得到了解决，才能实现预期效益。

现在的你已经掌握了抓住极佳机遇所需的大部分知识。对你来说，个人时间永远是一种紧缺资源，下一章的主题关乎人的衰老。

参考文献和扩展阅读

《环境和经济可持续性》[*Hardisty, P. E. (2010). Environmental and Economic Sustainability. Boca Raton, FL: CRC - Taylor & Francis*]

《培养专业工程师》第十二章 [*Trevelyan, J. P. (2014). The Making of an Expert Engineer. London: CRC Press/Balkema - Taylor & Francis, Chapter 12*]

第十九章

时间管理

时间管理是影响工程师成功的重要因素。有许多人和事在争抢属于你的时间。你可能像很多工程师一样，感觉其中大多数都是"干扰"或妨碍了你做"真正的工程"工作。

《时间饥荒》的作者莱斯利·珀洛（Leslie Perlow）写道：

我发现工程师会区分"真正的工程"和"其他"工作。他们认为，真正的工程包括分析思考、建立数学模型和构思方案，只有运用科学原理和独立创造力的工作才是真正的工程工作。凭借他们从学校学来的多种技能，他们产生了有技术含量的可交付成果。正如一位工程师曾总结的：我认为"真正的工程"是我被雇用的目的。与之相反，"其他"工作无非互动而已。

工程师将互动活动视为对真正的工程工作的干扰，但其实对于工程师完成任务而言，它们同等重要。大多数时候，社交互动都是无计划的、自发的，所以看起来似乎是在干扰正常工作。

这种观念会将工程师带入工作时间的恶性循环中。在循环中，时间压力（来自新产品发布或项目截止日期）会形成危机感，催生个人英雄主义行为并对他人造成干扰，又进一步加重了时间压力和危机感。"灭火"是许多工程师用来描述此种情况的术语，这个词经常出现在许多工程师口中。

你可以学着打破这种恶性循环。

除非你在每份问卷中都得到至少 50 分，否则必须通过学习来提高。

了解日常生理规律

每个人的睡眠类型不同。有人每晚只睡三四个小时，有人则需要八小时。晚上睡眠不多的人通常擅长在白天"打盹儿"，即每次 10~30 分钟的短睡。

除了睡眠有周期，我们在白天的高强度认知（思考）工作能力也处于波动状态。一些人，包括我自己，在早上更有精力应对高难度工作。如果有一项需要集中注意力的挑战性工作，我的最佳工作时间是上午 7:30~10:30，此外在下午 4:30~6:30 的精力也比较充沛。而对于那些常被称为"夜猫子"的人在夜晚乃至凌晨的工作效率最高。

尝试找到你的最佳专注时段，并将其他时间用在需要与他人打交道的非独立性任务上。并在别人占用你的非专注时间时，让他们感到自己是受欢迎的。

另一重要知识是，我们的大脑会不断消耗生化能量，尤其是在学习过程中。人体的生化能量供应在一天中变幻不定。剧烈运动后的一段时间，它们将所剩无几；当消化食物，特别是摄入肉类和碳水化合物时，生化能量同样会被消耗，且在进食约两小时后达到顶峰，这也是人在饱餐后往往感到疲倦之时。如果吃的几乎都是全谷类食物，如燕麦或全麦面包，消化时间会更长，但对生物化学能的消耗更少。当然，运动和进食后的具体反应因人而异。

试着有意识地感知你在一天中不同时段的生理状态，比较何时状态最佳。把这些时间留给需要精神高度集中的工作。

任务分类

下面我们对工程师的任务进行分类。

需要拓展思维的高强度脑力工作要求注意力高度集中，并且很容易受外界干扰，因为我们一般依赖于短期工作记忆（大概持续 10~20 分钟），而即使是小小的打断也会破坏短期记忆，以至于重新回到工作状态可能需要 10~15 分钟。研究表明，在频繁打断的情况下，多达 70% 的电脑型任务不能在下班前完成，原因仅仅是它们被遗忘了。

此外，还有许多任务对短期记忆的依赖程度要小得多，或者所需时间本来就很少，比如填写表单、简要回复消息及问询等。

社交互动对技术合作至关重要，但当它与脑力工作相伴出现时，却常常被当作不受期待的干扰。但是，研究表明，技术合作依赖于社会—技术互动，这方面能占用工程师 60%~80% 的工作时间。

如第十五章所述，在对任务进行分类时，同时应该思考每个任务是如何助力商业和社会价值产生的。虽然在任务完成前很难对价值进行量化，但专业工程师常常自问："怎么样才能产生足够的价值，以大于付出的时间和精力？"最成功的方式就是做好帮手，借助他人的工作产生价值。

调整你的日程安排

学会根据你的生理状态和工作需要调整日程安排。一定记得预先留出一些时间，以防出现预料之外的事项。观察自己预测未来工作时长的准确度，并学会借助日程表来改善。比如，当你发现你完成任务的时间一般是事前估计的两倍时，那就在日程表上按照预计所需的两倍来分配时间。

如果发现时间不足，那么你需要提前做好计划，让其他人知道你能力范围内可交付的成果和交付时间。对于无法按时完成的事情，提前说清楚要好得多，这样其他人会更容易接受。以下是一些粗浅的建议：尽量超额交付，尽量提前交付，在你预计所需时间的基础上再加 50%。

借助电子记事本或日历规划时间。除非你真的想要去帮助他人，否则你日程表上的事情越多，越容易向别人传递你很忙碌，以至于不能马上抽身的印象。

明智的做法是禁用所有的电子邮件通知，自己安排一个特定的收件箱查看时间。这样，你可以在同事心中建立一种预期——如果需要即时回复，他们应该直接拜访、打电话或发短信联系你。

保持记录

在工程界有个普遍的原则：没有测量就没有管理。时间管理的本质是弄清楚自己是如何利用时间的，并将实际用时与最初预测相比较。提高时间管理的唯一方式就是观察你的实际预测水平并以此改善之后的预测。

为什么这对工程师很重要？

显而易见，因为这能帮助工程师按时交付。然而更重要的是，作为一名工程师，你需要依赖许多人的技能来帮助你完成任务。非独立性工作需要有人承担技术协调和项目管理职能，而光是组织安排和监督他人就占掉了工程师至少一半的时间。

因此，工程师最重要的技能之一是准确估计他人完成技术性工作所需的时间。这和管理自己的时间同等重要。

时刻观察每个工作日上演的事情，并保持详细记录。找出你比较容易被打断的时间，以及可以专心思考的安全时间。

计划主要任务

许多人只根据自己的时间表安排会面，以至于错失了时间管理的好机会。

对大多数工程师来说，最占用时间的就是技术协调工作，他们喜欢将这部分工作归类为"非技术性"工程工作，但研究表明：

工程师与他人讨论的东西都是技术相关的，依赖于彼此对技术的理解，尽管这种理解常常是在无意识的情况下发生的，即使他们口中说着专业术语。详见第十章。

技术合作在工程中至关重要：没有技术合作，工程师永远做不成大事。

学着将这部分工作视为工程工作的核心，并为其分配时间，选在你能见到合作伙伴或你们大概率可以通话的时候。

在其余时间安排需要拓展思维的脑力工作——选在你最不可能与人互动的时候，以尽可能减少外界干扰。向其他人分享你的时间表，确保他们清楚你在某些时间段很忙。与同事们商量一个你拒绝不必要打扰的信号，比如戴耳机（即使你并没有在听音乐）。然后，关掉手机或调成静音，关闭电脑聊天窗口和其他不利于专注的应用，关闭电子邮箱。

分配助人时间

每天做一个大致的安排，给每个你负有帮助或监督责任的人 30~45 分钟。在这些时间之外安排你的主要任务，这样别人的求助就不会被当作干扰。久而久之，他其人会感受到你的积极和热情，也会对你更尊敬。

用"好"表达"不"

即使尚未明确具体任务，提前几周为长时间脑力工作安排时间也是个好主意。

当某人就某项任务请求与你合作时（比如你们正在协商你的工作），有一本看起来塞满了约定的日志会对你有用。

工程师，尤其是年轻的工程师，会难以对别人的要求说"不"，因为我们都希望被其他人（特别是职位比你高的人）看作有用的人。

如果你的日程满满当当，你可以自信地回答："好……我很乐意，你觉得……（选一个几周后的时间）怎么样？"同时专注地看着你的日程表，试图找一个空隙放入这项任务。

回答的第一部分展示了你乐意帮忙，第二部分会让别人在看到你如此充实的日程表时心生敬意，即使简单的一个"好"也会让人感受到巨大的善意。

推迟或委托：文件和归档是关键

对于无法完成的任务，最后的策略是把它委托给别人，或干脆忽略掉。

临时委托只有当任务本身和当前进展有清晰记录，让对方能较容易地看出下一步工作和剩余任务时才是可行的。他们还需要知道如何从共享云空间中找到必要的信息，以及全部相关人员的联络资料。据此记录你的日常工作也是一种主动的时间管理方式。

确保每天留出时间回复电子邮件，1~1.5 小时应该够了。

而在其他时间，忽略所有非重要邮件。

重新设置电子邮件默认选项，在点击"发送"后让邮件进入"发件箱"，直到你点击"发送全部电子邮件"后发出（也就是说，关闭"立即发送"功能）。如果你的电子邮件系统无法这样设置，养成把所有待发送邮件归入"草稿"文件夹的习惯。然后，每天一两次，检查并发送所有草稿邮件。

下面是能让你快速决定如何回复信息的教程：

第一步，打开邮件。

第二步，如果只需要简要回复，比如"谢谢你的提醒"，那么写好邮件，并放到指定文件夹中。一般不要删除邮件：工程活动的方方面面都面临审计跟踪，你可以以此证明你在处理这个问题时已经尽到了一个普通工程师在此种情况下应有的合理责任。

第三步，思考不回复邮件的后果。

①是否还有其他可以回复的人收到了这封邮件？

②邮件是否明确提出需要回复？

③邮件是否包含你只能从对方那儿获取的信息？

如果答案是：是、不是、不是，那么你差不多可以放心地忽略它。如果无法做到视而不见，那么在日程表上安排一个阅读和回复的时间，并简单告知发件人你大概什么时候回复。

记住一点，几乎可以肯定，在回复发件人之后还会收到对方的回复。

思考发件人需要反馈的真正截止期限，并提前一两天回复。一旦人们习惯了你的风格，他们会明白你的回复是需要仔细斟酌的，这样他们在提问时会更加谨慎并尽可能附上相关信息。如果你让别人感觉每次回复邮件都很快，那么十有八九你会收到更多的邮件，原因通常是对方没有仔细阅读你的回复。

④是否由别人来回复更合适？

如果答案是肯定的，那么联系此人，最好是面对面或电话交谈，请他们予以回复。在你的日程表中留出几天后的 15 分钟用来跟进，以查看这个问题是否得到妥善处理。

可以考虑利用电子邮箱系统中的一些设置，把所有日常邮件自动放到一个文件夹中，如"时事"或"标准通告"。这样它们就不会弄乱你的收件箱，你还可以依照自己的需要再重新归类。

突发事件，警惕过度工作

无论怎么进行时间管理，突如其来的事故总是会出现，并对你的职业生涯和家庭生活带来巨大影响。比如，你的同事突然因为身患重病或调职而离开，你可能会被要求接手他的工作。

如前所述，对你所有的手头工作保持日常文档的及时更新，一旦紧急情况发生，你可以根据需要快速将任务委托给他人。

有些管理者会希望下属及时报告当前工作的最新进展，这是另一个我们应保持文档更新的原因——为了应对此类需求。你手里总有可以应付的现成文件。而当对方发现这份报告并不完全是他们想要的时候，在提出下一个紧急需求时，通常你已经把更新后的文件准备好了。

如果你在计划中把每一分钟都被安排好了，出现干扰后再去处理，肯定是赶不上进度的。

因此，你为确定的工作安排的时间应明显少于你拥有的时间，才能应对干扰事件。许多工程师喜欢把工作时间塞满，甚至加班工作，并相信这有利于职业发展。然而，不管研究还是经验都表明，长时间工作引起的疲劳会带来两大危害：第一，你会更容易犯错，你（还有旁人）为了弥补错误所付出的时间会让之前的加班得不偿失；第二，你的生产力，以及评估工作价值的能力都会下降，以至于多做了没用的工作，通常被称作"过度工作"。

思考你的任务和职责是如何产生价值的，可以帮你最大化每小时的工作价值。

在日程表中空出一定的时间，可以让你在不影响手头工作的前提下利用意想不到的机会。

遵循系统性时间管理方法，能帮你克服"时间饥荒"。不过，你还会遇到一些能毁了你一整天的沮丧，下一章将阐述如何克服它们。

第二十章

处理沮丧情绪

工程师很多时候会感觉沮丧。

完成任意一门工程学科的课程都不容易，这在大多数学校都是公认最难的课程之一。而工程师们在毕业后很快发现，专业工程教育能为其打造良好的基础，但并不必然意味着就能有杰出的职业生涯。许多人被困到没有上升机会的死胡同里，甚至连非工程师的晋升速度可能也比他们快。他们往往看不到自己专业技能的用武之地，并开始质疑为成为工程师而付出的辛劳究竟有没有意义。

为什么这么多工程师对职场准备不足呢？部分原因在于，我们大多数人在毕业前的很长一段时间里，传言和刻板印象就已经帮我们塑造了对工程师形象及其他相关人员行为的期望。许多学生直到毕业之际，还认为工程师是一个亲力亲为的实务工作；还有人幻想将来大部分时间都在解决复杂的技术问题或进行创新设计。在他们看来，"真正的工程"应关乎设计、计算和思考技术问题。

这也解释了为什么许多工程师会感到沮丧——他们发现自己的工作缺乏所谓"真正的工程师"应面对的技术挑战。还有一些沮丧情绪是在与他人一同工作时产生的。

学习避免或解决这些沮丧情绪，能大大提升工作体验和工作效率（如图20-1所示）。

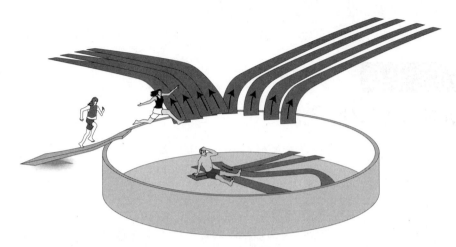

图 20-1 开局是否良好？左边陡峭的斜坡代表了你接受的本科工程教育。你和前方的美好事业之间只差一个工程学位，上坡的路很陡峭，但你可以通过这条路翻过围墙，进入环中。然而，许多工程师都是硬着陆，就像摔在地上的人一样。有些职业生涯因此看起来像是没有出口的死路

沮丧 1：努力工作并没有为我带来什么

很多工程师应对挑战的方法是增加工作时间，因为他们相信越努力，结果越好。但通常事情只会变得更糟糕，因为你与他人互动的机会减少了，而合作正依赖人与人之间的交往。此外，正如上一章文末所言，长时间工作带来的疲倦会降低工作效率，以至于你和同伴为了修复错误可能要花上更多的时间。

在合作中，整体的成功依赖每个人的成功。因此，帮助他人成功是工程成功的必要条件。

相互依赖性合作需要相关人员的持续参与。你在工作中产生的技术想法几乎总是要靠他人去执行。重要的是充分贯彻这些想法，以在整体工作中产生有效解决方案，实现预期的技术和商业成果。此外，几乎没有工程师能完全靠自己的知识搞懂技术目的，因此，大家都需要旁人不断向其解释任务本意，丰富自己的认知和见解。而工程师必须对此予以监督，确保大家的阐释不会歪曲原意。仅仅发号施令，然后交到别人手上，这样做是不够的。

组织与合作必然耗费时间和精力。有个笑话对此解释得很到位："IBM 对一个人工年[①] 的定义是 365 名程序员共同做一个项目的一天的工作量。"在与他人合作时，工程师常感叹："我自己来做要快得多！"也许是这样，但谁让世界上没有全能工程师呢？

沮丧 2：没有工作经验就找不到工作，招聘启事总是要求有工作经验

许多工程专业的毕业生对这种挫败感都不陌生，尤其是在受教育多年并投了数百份简历后。其源头是学校对学生如何根据招聘启事来求职的耳提面命。因为按照政府规定，几乎所有院校的内部职位都必须公开招聘，所以老师们可能根本不知道大多数工作都不会发布招聘启事。

为什么绝大多数招聘都要求有工作经验？

原因很简单：几乎所有公司在招聘时都是想填补某离职工程师的空缺，即寻找一个经验相当的替代者。这形成了一种惯性，以至于他们忽略了那位刚离职的工程师可能正是在这里的工作中才积累了相关经验，他刚来的时候可能也差不多一无所知。雇主们都希望能招来一个同样的经验丰富的工程师，如果不成，他们可能把目光转向满足最低经验要求的新手工程师，而且（但愿他们能）提供足够的支持，帮助他快速积累相关工作经验。

前面第三章讲述了怎么避开这些障碍。

沮丧 3：行政、会议、账目、手续：这不是我受教育的目标

"为什么我需要花那么多时间在行政事务、电子邮件、填写表格、参加会议和所有与技术无关的事情上？"

这是据我所知工程师最常见的沮丧情绪之一。连我本人也深受其害。

---

① 人工年：一个人一年完成的工作量。

　　但这些事项在工程活动中是必不可少的，因为这是技术企业中人与人合作之道，正如我们已经讲过的，合作是所有工程工作的基础。

　　工程教育几乎把重点全部放在图 20-2 里的虚线白框中：学习有助于预测技术性能的分析工具，并辅以基础设计技能。向客户交付成果则鲜少提及。然而，这正是客户付钱的目的，也占据了工程师最多的时间。而除此之外，图中上半部分展示的工作大多数也需要与他人广泛合作，很多合作对象甚至都不是工程师。但是，工程院校并不关心学生的合作能力——这一基本的人类社交互动技能，同时也是工程工作的核心。此外，正如我们在第九至第十二章所阐述的，大多数技术知识是通过社交网络获取的。

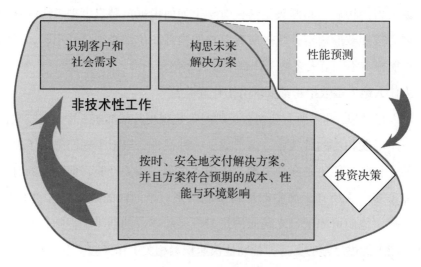

图 20-2　非技术性工作

　　难怪这么多新手工程师抱怨："这不是我受教育的目标！"

　　现在我们可以想象，有一大批工程师会发现他们的大多数工作艰难、费时且令人沮丧，只是因为他们不知道怎么有效合作或如何向客户交付实际成果。

　　图 20-2 告诉我们有多少工作，而且是比重较大的工作，被很多工程师看作是"非技术性的"，因为这与他们在大学中学到的工程知识不符。然而，当被问到时，他们又欣然承认工程知识对这些"非技术性"工作至关重要。所以"社会—技术"工作其实是更准确的说法：合作需要社交互动，而专业技术

知识又不可或缺。

本书将帮你借助社会—技术表现（如技术合作），学习如何有效合作。当你培养了相关技能后，你会发现合作是如此轻松和愉快，原先的沮丧情绪则一扫而空。因为向客户交付实际成果涉及很多内容，还要视具体的行业和专业而定，不可能在一本书中穷尽。但是，你可以根据本书教你的技术合作技能，去培养你自己的专业交付能力。

现在我们再来看图 2.2，它显示了工程实践的三个支点：工程和商业科学，感知技能，隐性知识和独创性。

大多数工程毕业生最多只有一个支点是合格的。他们完全或几乎没有技术远见或规划能力，极其缺乏技术合作意识。这也难怪他们中的许多人会在工程实践中感到举步维艰和挫折连连。

而令人遗憾的是，大批工程师在挫败感中放弃并转行，为此他们需要再次踏上学习之路或接受工作培训。在许多低收入国家，工程师选择成为半生不熟的程序员，一个他们对此受教育不多的行业，但薪水通常会高于他们还是工程师时的收入。

沮丧 4：这份工作不够有智力挑战

一些工程师是这么描述这种沮丧感的："我没有机会实践曾学到的技术技能。我羡慕其他工程师处于能深度研究技术问题的岗位上，比如研发。"

这种沮丧感在工程师中非常普遍。当我们还是学生时，我们整天都在研究技术问题，并相信自己成为工程师后也会主要从事技术性工作。

而对工程师来说，解决技术难题也被视为工作中最令人心满意足的方面之一。

但是，比起解决技术难题，工程工作更多的是处理日常事务。许多例行程序正是为了避免出现问题而逐渐固化的，这些问题早就在多次实践中被有效解决了。

为写此书，我采访过一些工程师，他们中最出色的工程师都向我表达过对工作中智力挑战的热爱。但他们又以不同的方式解释道,他们已经逐渐明白,实际上回报最丰厚的挑战是克服人际交往障碍,并帮助其他人克服缺陷、取得成功。

还有许多受工作中缺乏技术挑战所困的工程师在拼命调整心态。鉴于工程活动在很大程度上依赖合作,对于提高工程业绩来说,克服人际交往障碍和推动技术发展同等重要。而且,技术进步本身也依靠人们提出创新观点,这在很大程度上也是人为活动。因此,综合来看,工程师面临的终极智力挑战应当是克服人际交往障碍。

在寻找克服之法时,学点儿行为学知识能帮你了解和享受这一智力挑战。想想如今复杂的商业航空系统和几十年来惊人的安全记录,只有在复杂技术系统背景下依靠人类智力极其细致地研究人类行为才能做到这一点。

沮丧 5:以前有人这样做过吗?

一位工程师曾在采访中说:

> 工作中我真正快乐的时候只有两次,那两次客户忘了问我:"以前有人这样做过吗?"

许多工程师告诉我,客户不允许他们尝试新事物是令人沮丧的。这其实是正常现象。大多数客户认为创新本质上就是带有风险的,所以他们宁愿花更多的钱采用有先例的解决方案。我们在第十五章解释了减小风险可以为项目创造价值。《培养专业工程师》第十一章中有详细得多的讨论。

但这种沮丧情绪并非无药可救。对此,爱尔兰工程师奥康纳(C. Y. O'Connor 如图 20-3 所示)可以教给我们很多东西。他于 19 世纪 90 年代在西澳规划并监督了一项杰出工程。在他的提议下,人们修建了一条长 550 公里的管道,将水从沿海的珀斯运送到内陆的卡尔古利,后者位于一片带有盐湖的沙漠之中。

图20-3 查尔斯·耶尔弗顿·奥康纳（Charles Yelverton O'Connor, 图片来自西澳水务公司资料）

　　当时世界上最大的输水管道是从英格兰湖区某水库到曼彻斯特的，管道直径约250毫米，长约100公里。而奥康纳管道直径达到了785毫米，长约530公里，总液压升程达480米，采用了全新的管道制造和连接方法。

　　今天的工程师们为此命名了一个术语：跨越（Step-out）。它是指在工程中使用未经实践的技术或超出之前的限度。用今天的工程术语来说，奥康纳管道不仅仅跨了一步，更是在当时大英帝国版图内一个人烟稀少的穷乡僻壤，一个尚未建立起工程能力的地方，跨出了难以想象的一大步。

　　为了让项目获批，奥康纳巧妙地辩称：他只是要建造14条单独的管道，每条管道都从抽水点修到蓄水处，而且无论直径、长度、升程都在当时常规的工程能力范围内。特别之处只是将每条管道首尾相接，以将水从珀斯运到卡尔古利。

　　他还正确地预见到，银行派来评估技术可行性的工程师更关心整体项目而非技术细节，而一些主要的技术不确定性就藏在细节之中。奥康纳对此进行了一系列测试，以确保他的创新性管道连接法能奏效。

事实证明，奥康纳具有非凡的远见。最终管道花费仅超过初始预算的8%，即使奥康纳手中甚至没有一张可以拿来详细规划的地图。这些管道经过一个多世纪的风霜，至今仍在发挥作用。若想进一步了解此项目，可阅读《培养专业工程师》第四章。

沮丧 6：受限于标准？

许多新手工程师（以及工程院校的老师）往往将规范和标准视为对设计师的限制：你必须遵守一堆要求，这抑制了人的创造力和创新能力。

而专业工程师能看到规范和标准背后的工程经验积累。遵循规范和标准几乎总能帮人节省时间，降低不确定性、成本和知觉风险。只有学会在规范和标准的限制下发挥创造力才能有杰出的成就。

相比较而言，规范（通常情况下）强制规定了操作方式和方法，而标准一般是指导和建议，而非严格的规定。然而如果不得不偏离标准，不要忘了证明其合理性，这总是有益无害的。

标准，以及组件制造商的设计指南和应用说明可以提供已经验证的、简化的设计方法。

例如，澳大利亚国家标准 AS4055 提供了小型建筑物（房屋、棚屋等）最大风荷载的简单计算方法。根据所属特定地区，特定地形（如平坦 / 波状 / 丘陵），附近有无体积相似、能遮挡的树木，按照标准可计算得到最大风压，如1.3kPa。将最大风压乘以面积，可计算得到屋顶某部分的最大风荷载。风压可能是正值也可能是负值，具体要看小型建筑物不同部分的相对风向。此外，澳大利亚受龙卷风（飓风）影响地区的最大风压则远远大于其他区域。

要知道，在商业世界，每一天的工程工作都是靠一群疲惫、乏味、健忘和急于回家的人完成的。

这时规范和标准则能使工程师快速、经济地做出具有安全性的设计，这比起只关注基础工程原则出错的概率要低得多。

此外，使用标准方法还能直接降低成本。当然，如果算上因为工程师遵循设计规范和标准而使投资者对风险的担忧降低，好处就更多了。如第十五章所述，单凭后者就可以显著增加工程项目的价值。

因为规范和标准的发布机构大多独立于政府运作（事实上未必没有私下关系），所以必须从订阅者手中收回成本。这导致了标准文件常定价高昂，甚至电子版也不例外。

专业工程师几乎能背出所有业务相关的标准名称，并熟悉其中大部分内容。

沮丧 7：渴望实操工作

许多工程师在最初，会将工程视为实践职业，认为他们会有大量的机会操作机器，并亲身参与电路、计算机和建筑实践工作。

但是，在现实中，工程师很少或压根不会亲力亲为，反倒是经常被要求负责让资格完善的技术人员执行实操工作。

要想上手实践操作，工程师的最佳机会还是培养一门爱好。如果实操感觉对你很重要，那从今天开始培养一门动手爱好吧。

当然，也有一些工程师会时不时亲自动手，这能为他提供丰富的学习机会。

沮丧 8：无法让别人理解我的想法

在我的研究过程中，许多工程师反馈道，会因为自己在影响他人方面显而易见的无能为力感到沮丧，更不用说有时候想让别人理解的东西对工程师来说是简直简单到不行。

克服这一困难为工程师带来了巨大的机遇，毕竟只有具备了能影响他人改变工作方式或生产工具（也就是教学）的能力，成功才是有可能的。

我们经常听到有人把工程师称为"书呆子（Nerd）"，因为他们是如此缺乏社交能力。而且受沟通能力所限，这些人还容易对自己的困境视而不见。

渐渐地，通过研究，我开始意识到大多数工程师对交流和语言有着非常深的误解，包括读到此处的许多读者。但是，我还见过有工程师掌握了优秀的有效沟通技巧，因为他们以某种方式克服了这些误解。当然，你也可以。

在创造解决方案的同时，工程师们也在担任老师的角色。他们教学的本质是帮助别人更好地理解。克服此种沮丧情绪的方法可参考《培养专业工程师》第七和第八章。幸运的是，几十年来，我们对人类学习过程的认知已经大大拓展了。一些陈旧的观念，比如将训诫和教学联系起来，已经被切实有效的循证教育方法所淘汰。学习这方面的知识，你会从工程中收获更多。

不过，你还可以以一种更简单的方式开始。翻到前面，重读"倾听"这一章，学着观察并判断你的听众是在什么时候停止倾听的，这时候他们是没法理解你在说什么的。首先要学会倾听你的听众，学习他们的语言，识别他们的话中之意，然后试着用他们的语言来向他们解释你的观点。

沮丧 9：公司经营者是会计或律师出身

他们连最简单的工程概念都不懂。

工程活动在绝大多数时候都受金钱支配。对一些工程师来说，商业考量是令人不快的，他们更愿意"把财务束缚抛诸脑后，去做正确的事"。但在大多数成功企业，决策是在评估了工程、法律和财务会计优先事项后做出的，只不过许多工程师难以理解非工程师的想法。

尽管公司里重量级的会计和律师也在说英文，但他们说的英文与工程师大不相同，从本质上说，这种沮丧感其实是语言问题。

现在我想问你：当会计师提到权责发生制时，你认为他想表达什么？我只遇到过两位可以准确回答的工程师，但这是一个基本会计概念，甚至超过了守恒定律对工程师的重要程度。

主要矛盾还是在语言上。设想如下场景，你想安排一场约会，与一位光彩照人的法国伴侣共进浪漫的双人晚餐，但对方一点儿英语也不会说，你大概率乐意学一些基础法语（比如"我爱你"——"Je t'aime"），你还可能随身带一本常用语手册或翻译机。毕竟如果连简单的基本交流都没有，晚餐会是多么索然无味啊。

因此，工程师必须了解会计师使用的基本概念和语言，争取促成有效的交流。一味责怪会计师不懂工程基础知识是没用的，你要抓住一切和会计师或律师交流的机会，并学习他们的语言。

沮丧 10：他们总是先削减维护费

大多数工程院校放弃了财务相关话题，把它们丢给了商学院。这就是为什么工程师会产生类似于小标题的关于财务的沮丧情绪。

在削减开支时，维护工作常首当其冲，因为在大多数情况下，这不会对生产运营造成立竿见影的损害。此外，维护工作一般是"成本中心[①]"的一部分，这也使它被当作节流的常见选项。

但现在，至少在工程维修界，"工程资产管理"或"维持（主要在防御方面）"已经成为流行语。部分原因在于维护历来被视为低层次工程活动，一般由旧时的技术人员组织，他们的工程师身份是基于多年经验而非学位认证得来的。这一称呼的改变是随着人们更加重视安排检查、定期关停设备等活动，而不是等设备出现故障后再修理而发生的。这是一种更经济的方法，因为故障修理成本几乎总是比能预防故障的事先维护成本高不少。

要捍卫维护费用，第一步是了解企业所有者的风险偏好，从某些角度来说，维护就像一份保单。一些企业所有者可能表示不介意更高的故障或意外关停风险，这时不妨问问他们是否定期保养车子，还是等出了故障再花大价钱维修。如果是一个厌恶风险的人，他宁愿和人交换一辆便宜车也不想没有保险。

---

① 成本中心是责任会计中的责任中心之一。指对产品或劳务的成本负责的责任中心。成本中心对其所从事的活动享有成本决策权。因不负责产品或劳务的销售，它的业绩与销售收入或利润无关。成本中心的目标或以最低的耗费完成既定的产量，或在预算既定的前提下增加产出。——译者注

面对低风险偏好的企业主，强调有效维护带来的价值保护更容易打动他们（参考第十五章第十二条）；而对风险没那么在意的企业，如小型矿业公司或追逐短期市场热点的高利润制造企业，更有力的论点是维护工作可以减少在产品需求高点出现严重的生产中断、不得不将市场份额拱手让人的风险。

沮丧 11：他们只在意最低价

从工程师的角度考虑，我们知道实现全生命周期最低成本的解决方案基本上都不是采购价格最低的那个。然而，我们的评估中隐含着对未来的运营维护费和可能的处理费的预测，而关于经济的任何预测都非常困难，所以我们的隐含预测或实际预测不一定会被决策者采纳。

和讨论维护问题类似，围绕此种沮丧情绪的解决方案可能还是得落到企业主的风险偏好上。有些商业模式是从高风险市场赚取巨额利润，比如预测在动荡的交易市场中某些流行产品或矿产品的短期需求。受短期回报影响，企业会认为今天的支出比明年更有价值。换句话说，在决策制定过程中，无论是定量的还是隐含的比较，未来的支出总带有高折现率。阅读《培养专业工程师》第十一章，可了解更多关于财务决策、投资者风险认知和其他影响因素的知识。

还有一种常见情况是，所有的采购工作都交由采购部门集中处理，而他们的内部程序就是按照最低投标价选择服务或产品供应商，这种情况在政府部门或发展中国家尤为严重。

在这种情况下，常见的解决方案是编写详细的规范或需求声明，以淘汰那些采购价格很低但运营维护费超高的方案，促成合理的采购决策。关于规范编写可参考第十四章。

沮丧 12：净现值（NPV）良好的项目为什么不能获批？

计算净现值是大多数工程经济学或工程金融课程，以及一些创业项目的核心内容。这是一种考虑项目时间成本的方法，特别是当设计、规划、施工、调试费用发生一段时间后才能实现正现金流的时候。遗憾的是，大多数课程和教科书就止步于此了。但某个项目能否得到推进通常还取决于许多其他因素，最重要的是投资者明显感知到的风险：失败、延期、超支或回报低于预期。而大公司通常又有很多项目可供选择。阅读《培养专业工程师》第十一章，可了解更多关于财务决策、投资者风险认知和其他影响因素的知识。

沮丧 13：我的技能和知识只有在富裕国家才被认可

低收入国家的工程师中常弥漫着一种不可言说的沮丧情绪。当看到对技术创新兴致寥寥的企业家时，他们往往幻想富裕国家的企业会更乐于听到这些想法。他们看过很多关于创新的新闻报道和视频，这带给他们一种感觉：在"西方"会更容易找到与先进技术打交道的工作。

然而，人们上传创新型视频的真实目的大多是为了吸引投资。富裕国家的工程师们清楚得很，他们那儿的公司一样抵触创新类投资——参见上述第五条。

微薄的工资收入常令人头疼。但那些懂得为雇主或客户生成价值的工程师往往会随着时间的推移获得丰厚的回报，他们在低收入国家可以赚到和富裕国家工程师一样的钱，甚至更多。因为出色的工作表现在低收入国家更受人青睐，但同时做出成果也会更难。而我撰写本书的目的正是帮助更多工程师克服在低收入国家会遇到的特殊挑战。更多内容可参考第十七章。

沮丧 14：我想从事更有益于社会的工作

但在这儿，我做的所有工作仅仅是让某些人更有钱了。

我受够了为化石燃料公司工作。

或者辩解道……

我想做一些有创意的东西，而不是毁灭人类的机器。

工作之余许多工程师会从事人道主义事业或参与救灾项目，在许多先进的工程公司他们得到了支持和帮助，因为公司知道他们能借此学习新技能，扩大社交网络，并充满动力地回归工作。

然而不是每个人都有这样的机会。

如果没有这样的机会的话，看看下面的论据能否帮你争取一些。

在未来几十年还会有很多人需要化石燃料，而工程师可以为此做出贡献，最大限度地利用化石燃料并减少碳排放，保护不可再生能源。他们还可以帮助减少浪费和污染，并将废弃物转化成有价值的副产品。

即使每一次变化都不显著，日积月累下，生产力的提升将给人类生活带来巨大变化。

正如我在第十五章所概括的，纵使是具有潜在破坏力的武器，也能在防御方面带来更高级别的保护，同时威慑其他人的暴力行为。重读第十五章，学习利益相关者如何从工程活动中获益，尤其是当地社区。可能有很多机会摆在你面前，能让你为当地社区贡献价值，同时作为你工作的一部分。试着走出去寻找它们。

沮丧 15：电子邮件石沉大海

电子邮件是电脑间传输信息的好方法，却往往不足以激发收件人回复的兴趣。

如果你正等待回复结果，可以试着去对方的工作地点登门拜访。这是寻求回复最有效的方法，没有之一。或者，想想能在哪儿偶遇对方。

上门拜访行不通的话，再尝试打电话。

如果这两种办法都不可行，无论出于什么原因，你只有等待……

当等待时间长到足以使对方因为回复太晚感到尴尬时，再次发送电子邮件，并在主题行的结尾处写道"您还好吗？"向其解释你几周前就发过一次邮件了，并附上当时的日期。

如果上述方法都没用，思考哪些人能引起收件人的注意，试着联系他们，并提出与收件人交谈的请求。

下一步学习

通过阅读本书，你会更了解人类、自我、合作和工程实践这些内容。这只是个开始，但已足以让你加入改变世界的事业中来：让人们能以付出更少的时间、精力、物力、能源、不确定性、健康风险和环境影响代价，来做更多的事情。从现在开始，一直到几十年后，你的学习都不应该停止。

拓展工程实践知识

受篇幅所限，关于工程实践的某些重要内容不可避免地在本书中被简化或直接忽略了。

我于 2014 年出版的另一本书《培养专业工程师》，对各种合作方法有更详细的讲解，包括非正式教学、技术协调、项目管理、财务决策和协商谈判。书中还含有对人类语言和社交互动的深层次分析，这是上述方法形成的基础。此外，借助书中的细致阐述，还有助于你进一步理解工程项目的财务决策。

专业上的认可

在四年的工程实践后，你可以为自己的成长寻求专业上的认可。

在多数国家最常见的是特许（注册）工程师证书，该证书代表了对独立的、无人监督的工程实践的法律许可。

在大多数国家，专业资质是由专门的组织，如专业许可委员会管理的。一般要求申请人在他人监督下从事工程实践工作长达几年，并充分提供能证明其专业水平的材料。在美国、加拿大等国，申请人还需要通过专业实践考试。

为了将专业认证的范围扩展至多个国家，还出现了一些国际协议，如亚太工程师（APEC Engineer）计划和工程师流动论坛（Engineers Mobility Forum，EMF）协议。目前，国际工程联盟（The International Engineering Alliance，IEA）已在逐步建立标准化工程教育共识方面取得了成功，多国标准化专业互认也取得了一定进展。

当然，工程类职业可以说不胜枚举，其中有许多职业到现在还不需要有专业认证或执照。

技术专家、综合人才，抑或是管理者？

工程师会面临许多转折点，在他们需要为职业道路做决定时更是如此。

在职业生涯早期，工程师可能需要选择是去工程现场、工厂车间，还是找一份大部分时间待在办公室里的包含更多分析内容的工作。如果能兼具这两类工作经验，会大大增加你的职业选择机会。

一般来说，在你的职业生涯中，总会遇到这样一个公认的阶段——选择成为管理者还是技术专家。在某些国家和企业，人们甚至不会让工程师去做管理者。

另一项抉择则是：选择扎根某一特定的工程专业或工程领域，还是广泛涉猎其他领域，开拓自己的知识边界？

虽然我们的研究涉及数百位工程师，却丝毫没有显示出职业发展路径的一致性。有的工程师从建筑工地开始，之后管理大型建筑公司，然后又成为专业技术顾问。我们发现许多人在他们的职业生涯中不断地跨专业，还有人进入了财务和工商管理领域。

我们还发现了一些证据，显示从事设计工作的工程师，相比其他工程师的职业满意度略低。在他们看来，自己的许多工作都是在浪费时间，因为很少有设计成果是在这些工作中诞生的。

此外，在大多数情况下，工程师只是被动地追随工作中出现的机会，而不是遵循长期职业规划。许多人只有当被安排到不熟悉的岗位上，发现这能发挥出自己最大的潜力时，才能意识到自己具有某些特别的才能。这往往要靠主管和导师先于他们发现其潜力并施以帮助。

重点是，我们遇到的所有工程师几乎都对他们的职业选择非常满意，没人后悔成为工程师。

成为工程师的最好时机

比起过去任何时刻，我们现在都更需要工程师来提高生产力和生成可持续发展解决方案。机会正摆在你面前。

下一步就看你自己的选择了。

后　记

　　本书英文版出版之际，适逢世界各国正在积极应对新冠疫情造成的复杂影响。政府为保证小部分出现急性呼吸困难的感染者能得到充分救治，采取了行动限制措施，以减缓传染病的蔓延。因此诸多行业，如商用航空业、酒店业、零售业、制造业、娱乐业等，都出现了被迫关门或大幅缩减业务的情况。经济实力较强的政府能够为受影响的劳动者提供支持和补贴；而在贫穷国家，数千万乃至上亿低收入人群和外来务工者失去了经济来源，被迫为了食物和居所离开城市，回到祖祖辈辈所在的家乡。可以看到，世界经济正处于前所未有的无序、混乱和不确定中。

　　这意味着年轻的工程师们，包括学生、应届毕业生和刚走上工作岗位的新人正面临巨大的不确定性。学生可能难以找到带来工程经验的实习机会，以满足学位授予条件；毕业生也许会发现，在工程行业找一份薪资满意的工作比之前更难了；此外，由于工程公司正处于艰难的贸易环境中，许多新手工程师即将失业。

　　即使在新冠疫情暴发之前，近 20 年来，世界各地的工程活动也一直令政府和投资者失望。人们用一项宏观经济指标，即生产率，来衡量企业创造的价值与劳动消耗量（劳动生产率），或资本、研发、能源、土地、材料等其他投入要素的消耗量（要素生产率）之比。工程技术对提高生产率有着至关重要的影响，人类开发出工具和设备，提高了人的能力，也增强了人的心智；工程项目吸纳资本；工程师承担大部分的研发工作；工程企业则提供材料和能源。而自 2005 年以来，世界各地的生产率增速明显变缓，例如，过去几十年间美国劳动生产率年平均增长近 1%，但从 2007 年到现在仅增长了 0.5%！

在过去 60 年里，人类终于取得了广泛的技术进步，但高收入国家和低收入国家之间 5 倍的生产率差距几乎没变。这在实际生活中意味着什么？简单来说，大多数同等质量和耐用性的商品及工程服务，在低收入国家平均价格要高出数倍。例如，低收入国家的企业用电成本可能比高收入国家贵五倍，因为大多数这样的国家没有稳定的电力供应，因此企业需要配备备用发电机来确保持续供电，此举大大增加了成本；廉价、低品质的机器需要耗费更多的电能才能完成同样的工作；此外，对低品质机器的维护会进一步降低能量转换效率。

在当今时代，人类文明的几乎所有方面都需要我们去重新构思、设计、建造，去翻新或至少重新调整，以确保可持续性。换言之，生产力必须大大提高，才能使人们在未来 30 年既能享受技术文明带来的好处，又能减少物质资源的使用，并尽可能实现温室气体零排放。

因此，在未来两三年间，尽管工程师（尤其是对年轻工程师来说）在寻找工作时需要克服显而易见的不确定性和困难，但眼前的机会也是前所未有的。

理解下面这点很重要：工程院校主要教授工程学——以数学、物理学，以及越来越重要的生命科学为基础的书本知识。虽然书本知识对所有工程师来说都是不可或缺的，但这毕竟只是基础。在公司，工程师需要将知识应用到实际工作中，生成解决方案，满足付费客户的需求；而远在用户付款之前，公司就需要劝说投资者投资，以获取宣传和服务经费，因此工程师必须向公司董事保证能提供有效的解决方案，从而建立起从投资者那儿筹集必要资金所需的信心。此外，工程行业的发展也反过来为许多人创造了岗位和机遇。因此，开发工程实践能力是经济复苏和人类文明转型的必要起点。

本书可以为年轻的工程师们提供指导，以帮助其培养学校无法传授的实践能力，这些实践能力主要体现在如何通过学习与工程企业中的所有人展开有效合作的方式。

本书脱胎于作者的工程实践研究，该研究聚焦于不同收入国家、不同学科、不同平台的工程师的工作日常，凝聚了诸多同行、学生等研究者的贡献。我已在更早的一本著作《培养专业工程师》中详细解释了许多研究性结论，这本新书则主要面向两类读者：执业工程师和工程院校中的工程专业教育人员。

　　近年来，我一直关注那些处于职业生涯早期的工程师在适应真实的工作环境时所面临的挑战。他们会发现自己的工作不仅看起来平淡无奇，而且很少甚至可能永远不会用到他们在高校里学到的高等数学和其他科学知识，这令许多工程师感到失望和沮丧。

　　通过持续指导年轻工程师，重温上百份采访笔录，并听取雇主们的抱怨，我意识到：无论工程师毕业于哪所工程院校，学习了哪几门课程，他们身上总是背负着由现代教育模式刻下的根深蒂固的期许和价值观。我们培养学生重视独立思考，为纸面上的、经明确定义的智力型技术问题提出解决方案，并使用限制解释的术语组织和编写答案。毕业后，他们自然希望企业雇用他们是为了回答具有挑战性的技术问题。

　　但是，这些期望和价值观与工作环境形成了鲜明对比。在职场，各项工作是相互依赖的，员工需要协作、倾听，以及与对目标和要求理解各异的人们共同参与复杂的社会活动。比起技术限制，来自经济和人际方面的约束似乎更能主导所有的工程工作。在学校，学生们重视书面交流，但现在，他们进入了一个口头交流更为重要的世界，并且后者会不可避免地受到信念和情感的影响。

　　最终我意识到，我应该根据我的研究来写一本书，帮助新手工程师比现在更快地学习工程实践知识，这或多或少只能从经验中得来。

　　我有信心，本书将帮助新一代工程师应对我们共同面临的挑战。

——詹姆斯·特里维廉（James P. Trevelyan）

2020 年 5 月